寂静的春天

[美] 蕾切尔·卡森 著　王晋华 译

北方联合出版传媒（集团）股份有限公司

万卷出版公司

ⓒ 蕾切尔·卡森 2021

图书在版编目（CIP）数据

寂静的春天 / (美) 蕾切尔·卡森著 ; 王晋华译. —
沈阳 : 万卷出版公司, 2021.9
　ISBN 978-7-5470-5620-2

　Ⅰ.①寂… Ⅱ.①蕾… ②王… Ⅲ.①环境保护—普
及读物 Ⅳ.①X-49

中国版本图书馆CIP数据核字(2021)第031953号

出 品 人：王维良
出版发行：北方联合出版传媒（集团）股份有限公司
　　　　　万卷出版公司
　　　　　（地址：沈阳市和平区十一纬路25号　邮编：110003）
印 刷 者：辽宁新华印务有限公司
经 销 者：全国新华书店
幅面尺寸：145mm×210mm
字　　数：240千字
印　　张：9.5
出版时间：2021年9月第1版
印刷时间：2021年9月第1次印刷
责任编辑：王　越
责任校对：佟可竟
封面插画：涂世敏
装帧设计：李英辉
ISBN 978-7-5470-5620-2
定　　价：39.80元
联系电话：024-23284090
传　　真：024-23284448

献给阿尔伯特·施韦泽

他说过——

"人类已经失去了预见和预防的能力。迟早有一天，人类会因毁灭地球而灭亡。"

致　谢

Thank

1958 年 1 月，奥尔加·哈金丝给我写了一封信，提到她的生活圈里已经变得毫无生机，它猛然将我的思绪拉回到我长期以来一直关注的问题。从那一刻起，我就觉得必须要写这样一本书。

此后，我得到了很多人的鼓励和帮助，限于篇幅，在这里不能一一列举。那些无私地与我分享他们多年经验和研究成果的人们，其中有的在美国和其他国家的政府部门工作，有的任职于大学和研究机构，还有其他领域的人士。对于他们慷慨付出宝贵的时间以及所提的真知灼见，我在此表示最诚挚的谢意。

另外，还要特别感谢那些拿出时间阅读部分书稿并在专业领域提出建议和批评的人们。虽然我对本书的准确性和真实性承担最终责任，但是如果没有以下诸位专家的无私帮助，我不可能完成此书。他们分别是：梅奥医院的医学博士巴塞勒谬，得克萨斯大学的约翰·比塞尔，西安大略大学的布朗，康涅狄格州韦斯特波特的医学博士莫顿·比斯金德，荷兰植物保护局的布雷约，罗伯与贝西·维尔德野生动物基金会的克拉伦斯·科塔姆，克利夫兰诊所的法律和医学博士小乔治·克莱尔，康涅狄格州诺福克的弗兰克·艾格勒，梅奥医院的医学博士马尔科姆·哈格雷夫斯，国家癌症研究所的医学博士休伯，加拿大渔业研究委员会的克斯维尔，自然保护协会的奥洛斯·穆里，加拿大农业部的皮科特，伊利诺伊州自然历史调查所的托马斯·斯科特，塔夫托卫生工程中心的克莱伦斯·塔泽维尔，密歇根州立大学的乔治·华莱士。

任何一本包含大量事实的著作都离不开图书管理员的专业技巧和热情帮助。我衷心感谢帮助过我的所有管理员们，尤其是美国内政部图书馆的艾达·约翰斯顿和国家卫生研究所图书馆的希尔玛·罗宾逊。

本书的编辑保罗·布鲁克斯，多年来一直给予着我鼓励和支持，并欣然同意一再推迟出版计划。加之他那卓越的编辑能力，我都将永远感激于心。

在繁杂的资料收集过程中，桃乐茜·艾尔格、杰尼·戴维斯和贝蒂·黑妮·达夫都尽其所能，并做出了杰出的贡献。写作过程中还不时遇到困难，如果不是我的管家艾达·斯波的悉心照料，我也不可能完成这本书。

最后，我还必须感谢那些素不相识的人们，正是他们赋予了这本书价值。是他们率先站了出来，对那些不计后果、不负责任地毒害人类与各种生物的行为说不。现在这些人仍在继续战斗着，他们的义举终将获得胜利，并会给人类带来理智和常识，让我们学会与自然的和谐共处之道。

蕾切尔·卡森

目　录
Contents

001　　第一章　明天的寓言

004　　第二章　忍耐的义务

013　　第三章　死神之药

037　　第四章　陆地之水

051　　第五章　土壤王国

061　　第六章　地球的绿色外衣

084　　第七章　无妄之灾

101　　第八章　消失的歌声

128　　第九章　死亡之河

153　　第十章　祸从天降

172   第十一章　超乎波吉亚家族的想象

185   第十二章　人类的代价

197   第十三章　小窗之外

215   第十四章　四分之一的概率

240   第十五章　自然的反击

258   第十六章　雪崩的轰隆声

272   第十七章　另辟蹊径

第一章　明天的寓言

从前，在美国中部的一个城镇里，一切生物的生长与它们的环境都很和谐。城镇周围有许多充满生机的农场，田野里长满谷物，山坡上遍地果园。春天，繁花像朵朵白云点缀在绿油油的大地上；秋天，穿过松林的屏风，橡树、枫树和白桦摇曳闪烁，发出火焰般的暖色。狐狸在山丘中叫着，鹿儿静静穿过原野，在秋晨的薄雾中若隐若现。

沿途的月桂树、荚蒾、桤木以及巨大的蕨草和野花在一年中的大部分时间里都会让人目悦神怡。即使在冬季，道路两旁也是美不胜收。数不清的鸟儿赶来啄食浆果和雪地里探出头的干草穗头。事实上，这里正是因为鸟类丰富、数量繁多而远近闻名，每当潮水般的候鸟飞落到这里，人们便长途跋涉，前来观赏。清冽明净的小溪从山间流出，绿荫掩映之下，汇聚成一处鳟鱼戏水的池塘，不时有人来此处垂钓。很多年前，当第一批居民来到这里筑房打井、修建粮仓时，这种美丽便存在着。

然而后来，这里出现了许多诡异的现象，一切都在改变着。邪恶的咒语降临这个城镇：神秘的疾病席卷了鸡群，牛羊成群病倒、死掉，死神的阴影无处不在，农夫们诉说着家人的疾病。城里的医生对那些新的病症感到困惑和无奈。人们会突然、莫名其妙地死亡，不仅是成人，甚至就连孩子也会在玩耍时突然患病，在几个小时内死去。

一种神秘的寂静弥漫在空气中。鸟儿都去哪儿了？很多人说到这儿都会迷惑、不安。常有鸟群飞来啄食的后院里已变得冷冷清清。在一些地方，仅能见到几只奄奄一息的鸟儿，它们瑟瑟地发抖，已经飞不起来。这是一个无声的春天。这里的清晨，曾经飘荡着知更鸟、猫鹊、鸽子、樫鸟、鹪鹩以及很多其他鸟儿的鸣唱，现在却连一丝的声响都没有了。周围的田野、树林和沼泽都湮没在一片沉寂之中。

农场上的母鸡在孵蛋，却没有小鸡破壳而出。农夫们都在抱怨无法养猪了——新生的猪仔太小，而小猪也活不过几天。苹果树花儿开了，但是花丛中却不见蜜蜂嗡嗡地飞来飞去，苹果花无法授粉，也就不会有果实。小路旁边的景色曾经那么招人喜爱，如今立在那儿的却只有焦黄、打蔫的植物了，就像经历了一场大火。这些地方都失去了生机，全然一片死寂。甚至小溪也无法幸免，钓鱼的人再也不来了，因为所有的鱼都死了。

　　屋檐下的水槽里，房顶的瓦片间，还隐约地能看到一层白色的粉粒。几个星期之前，这种白色粉粒像雪一样落在房顶、草坪、田野和小溪里。这个世界在变得伤痕累累，可这施害的不是魔法，也不是什么天敌，而是人类自己。

　　这个城镇是作者虚构出来的，但是在地球上找到千百个这样的环境正在遭到破坏的小镇并不困难。我知道，并没有哪个城镇遭受过我所描述的这些灾难，但在有些地方，上面列举的一些灾祸实际上已经出现了。不少地方已经发生了这些情景中的不幸。人们没有意识到，一个面目狰狞的幽灵已向我们袭来。人们应该意识到，我想象出的这一悲剧有可能变成赤裸裸的现实。那么，到底是什么让无数个城镇中春天的声音沉寂下去的呢？本书将尝试着予以解答。

第二章　忍耐的义务

　　地球上生命的进化过程充满着生物和环境的相互作用。在很大程度上说，地球上动植物的自然形态和生活习性都是由环境塑造的；就地球存在的整个时间而言，生命改造环境的反作用是微不足道的。直到出现了一个新物种——人类，尤其是到了 20 世纪，生命才获得了改造自然的巨大力量。在过去四分之一的世纪里，这种能力不仅增长到了令人不安的量级，而且还发生了本质上的变化。其中，最令人担忧的是人类对环境的侵袭——空气、土地、河流和海洋都受到了严重的，甚至致命的污染。这种污染几乎是不可恢复的，它所引起的一连串的负面效应更是不可逆转的，它们不但会污染生命生存的外部世界，而且还会进入生物的内部组织。无所不在的环境污染之中，化学药品的危害同样很大，甚至可以与辐射不相上下，只是对其我们知之甚少。核爆炸中所释放的锶 90，会随着雨水或以飞尘的形式降落到地面，进入土壤，然后被草木、谷物和小麦吸收，最终在人类的骨骼中安营扎寨，直至其死亡。同样，喷洒在农田、森林和花园的农药也会长期存在于土壤里，然后进入生命机体内，引起动植物的中毒和死亡，并在食物链中不断传递。有的化学制品会在地下水中潜伏游荡，等它们再度出现，流出地表时，会通过空气和阳光的作用生成新的化合物。这种新物质会毁坏植被，导致动物患病，并且在不知不觉中给那些曾经长期饮用井水的人们造成伤害。正如阿尔伯特·施韦泽所说："人们甚至还不认识自己创造出的魔鬼。"

地球上物种的进化和演变经历了亿万年的时间，在这一过程中，它们逐渐适应了周围的环境，并与之和谐相处。自然环境中一直以来就存在着各种有利和不利的因素，它们极大地影响着生物的形态，却也指引着生物进化的方向。比如，某些岩石会释放有害的辐射，就连给予生命能量的阳光，也包含着伤害生命的短波辐射。达到生物的进化与自然环境的平衡，所需要的时间不是只要一年、两年，而是数千年。时间原本是这个过程里的最基本要素，但现代社会却丝毫给不出充裕的时间。

迅疾的变化与新的情况都紧随着人类无暇他顾的步伐疾步向前，再也不是跟着大自然的脚步从容行进了。远在地球生命出现之前，辐射就早已存在，它遍布于放射性岩石、宇宙射线爆炸和太阳紫外线之中；而今天的辐射是主要源于原子试验的人工干涉。生命体所必须适应的化学物质再也不是从岩石里冲刷出来的和由河流带到大海里的钙、硅、铜，以及其他无机物了，还要包括实验室里创造的人工合成物，而这些物质在自然界中本不存在。

适应这些化合物所需要的是自然历史维度上的漫漫光阴，它耗费的远不止一代人的时间，而是几代人的生命。即使发生奇迹，适应变得可行，结果也是徒劳的，因为新的化学物质会源源不断地从我们的实验室里喷涌而出。单就美国而言，每年大约就有500种新的化学物质进入施用领域。这么大的数量令人震惊，但其危害却少有人了解——人和动物的身体每年都要去适应这500种新的化学物质，这远远超出了生物体所能承受的极限。

这些化学物质大多用于人类征服大自然。从20世纪40年代中期以来，人们创造了200多种基本化学药品，用于杀死昆虫、野草、啮齿动物和被俗称为"害虫"的其他生物，而这些化学药品的实际商标数量更是高达上千种。这些喷剂、药粉和气雾剂被广泛用于各个农场、森林、果园和家庭，威力巨大，昆虫无论"好坏"，都难逃一死。就是它们让鸟儿的歌声沉寂，让河里的鱼儿悄无声息，给树叶蒙上一层致命的薄膜，并长期滞留在土壤中——人们原本的目的可能仅仅是杀死几种杂草和昆虫。又有谁到这个时候还会天真地相信在地球上倾泻毒药不会给生命造成伤害呢？它们不应该叫作"杀虫剂"，理应称为"杀生剂"。

使用化学药品的过程似乎陷入一个恶性循环的怪圈。自从DDT允许使用以来，更多有毒农药不断出现，毒性也开始不断升级。因为昆虫成功地证明了达尔文"适者生存"原理的正确性，它们通过进化，不断地产生抗药性，人们便会发明药性更强的药品。另一方面，在喷洒药物之后，害虫常常会卷土重来或者死而复生，数量甚至比以前更多，其原因后文会有所解释。如此下去，这场农药大战不可能取胜，而所有的生命都在残酷而猛烈的炮火下遭殃。

人类除了有可能被核战争毁灭之外，如今还面临一个核心危机，那就是对整个环境的污染，有些物质的破坏力量令人难以置信——它们在动植物的组织里积累，甚至渗入生殖细胞中，损坏或者改变决定生物未来形态的遗传物质。

一些自称"人类未来工程师"的人们，期望有一天可以改变甚至设计我们的遗传细胞。但今天我们就可以轻易地做到这一点，因为很多化学药品跟辐射一样，能够轻易地导致人类的基因突变。那些表面上微不足道的小事，诸如选择一种杀虫剂，就可能会决定人类的未来，这样一想，不免觉得讽刺。

冒这么大的风险，为的是什么呢？将来的历史学家也许会为我们低下的权衡利弊的能力感到惊异不已。智力发达的人类怎么会为了控制几种不需要的生物，宁可污染整个环境，并给自身带来疾病和死亡的威胁呢？然而，这恰恰是我们如今的所作所为！更何况行为背后的原因根本经不起推敲——我们早就听说杀虫剂的广泛使用是维持农场产量所必需的，然而美国眼下的问题不正是"生产过剩"吗？虽然采取了措施减少农作物的耕地面积，并且付钱给农民，不让他们耕作，但我们生产的过剩粮食还是到了令人咋舌的地步，以至于仅在1962年一年之内用于存贮多余粮食的税款就超过10亿美元！1958年，农业部下属的一个部门试图减少农作物生产，另一个部门却唱起了反调："一般情况下，'土壤银行计划'①中规定削减耕地面积的条款会刺激农户使用更多的化学农药，以保证从现有土地上获得最大产量。"然而，以上这些争论显然都无助于改变现状。

当然，这也不是说病虫害不是问题或者不需要进行控制。我的意思是，控制必须结合实际，不能基于毫无根据的臆想，也不能使用那些将害虫连同我们一起毁灭的手段。

在尝试解决问题的过程中，却产生了一系列灾难，这是我们现代生活中的一种定式。早在人类出现之前，昆虫就是地球上的居民了。它们种类繁多、适应力强。在人类出现以来，50

---

① 土壤银行计划是美国政府根据1956年颁布的"农业法"所制定的一项采用减少种植面积的办法来控制农产品生产过剩及保护水土资源的计划。

多万种昆虫中仅有一小部分与人类发生冲突，主要以两种方式：一是争夺食物；二是传播疾病。在人口拥挤的地方，卫生状况很差，致病昆虫的危害不可小觑，尤其在暴发自然灾害、发生战争或是极端贫困的情况下，一定程度的虫害防治就变得非常必要。但是我们也应该清醒地认识到，大范围的化学防治仅能取得有限的成功，甚至可能会使情况变得更加糟糕。

在原始农耕时代，农夫很少能碰到虫害问题。这个问题是伴随着农业的集中化生产而出现的——在大面积的土地上种植同一种作物，为某种昆虫的爆炸式增长提供了有利条件。其实，这种耕种方式只存在于农业工程师的想象之中，并不符合自然规律。大自然赋予大地以丰富多彩的图景，但人们却热衷于简化它，因此也就毁坏了自然界中业已存在的制约与平衡机制，其中一项较为重要的自然制约机制就是每种生物适宜的栖息地面积都是有限的。因此，很明显，一种食麦昆虫在麦田的繁殖速度要比在套种其他作物的农田里快得多。

以此类推，树木虫害泛滥的原因也是一样。在上一代人或更久以前，美国大城镇的街道两旁都栽种了榆树。而现在，人们满怀希望所创造的美丽风景却遭受着濒临毁灭的风险，因为某种由甲虫传播的疾病席卷了所有的榆树林。若是栽上多种树木的话，这种情况根本就不会发生。

现代虫患的另一大成因还须放在地质学和人类历史的背景

中思考：成千上万不同种类的生物从自己的领地不断蔓延至新的区域，这种迁徙也能造成虫害的泛滥。英国生态学家查尔斯·埃尔顿在其最新著作《入侵生态学》中对物种的世界性的大迁徙进行了研究和生动的描述。在亿万年前的白垩纪时期，肆虐的海水切断了很多陆桥，各种生物被困在埃尔顿所称的"巨大的独立自然保护区"内。同类生物被隔绝开来，各自进化出了许多新的物种。大约在1500万年以前，当一些大陆被重新连接后，这些物种开始迁移到新的地区，这一过程仍在进行，而且还得到了人类的推波助澜。

植物的进口是当今物种传播的主要因素，因为动物总是附着植物迁徙，虽然检疫手段不断进步，却并没产生完美的遏制效果。仅美国植物引进署就从世界各地引进了大约20万种植物，而在超过180种植物害虫中就有一半是从国外带入的，而绝大多数是搭植物的便车进入美国的。

新的领地中缺乏天敌，入侵的动植物很容易便得以大量繁殖。我们已经发现美国境内最为猖獗的昆虫大多是外来物种，可见这一现象并不是偶然。这些入侵活动，不管是自然发生的，还是我们人类造成的，都可能会无休止地进行下去。检疫也好，大规模的化学防疫也罢，仅仅是暂时抑制。我们所面临的情况正如埃尔顿博士所说，"我们需要的不仅仅是抑制某种动植物的新技术"，重要的是掌握动物种群与环境的关系来

"促进生态平衡，抑制昆虫的暴发，并且防止它们的入侵"。

很多必备知识已经唾手可得，却被束之高阁。大学教育辛苦地培养生态学专家，政府部门也聘用了不少专家，却又把他们的话当作耳旁风。我们任凭致命的化学药剂像下雨似的任意喷洒，仿佛别无他法。事实上，只要我们有机会，凭借人类的聪明才智可以很快发现更多的解决办法。

我们是否被催眠了，失去了判断好坏的意志和能力，进而不得不接受低劣有害的东西呢？用生态学家保罗·舍帕德的话来说就是，"我们刚把头探出水面就觉得心满意足，却不知环境的崩溃近在咫尺……为什么我们要对有毒的食物保持缄默，忍受周围的孤寂，只要对方不是敌人我们就要与之维持交情，甚至还要忍耐快要使人发疯的机器轰鸣？又有谁愿意生活在这样一个死气沉沉的世界上呢？"

然而，这就是我们所面对的世界。创造一个无菌、无虫害的世界激起了一部分专家和大多数所谓管理机构的极大热情。然而无论从哪方面看，那些忙着喷洒农药的人都在滥用权力。康涅狄格州的昆虫学家尼利·蒂默说过："负责监管喷药行为的昆虫学家扮演着公诉人、法官和陪审员、估税员、税务员和司法官员等多种角色，在人群中发号施令。"无论是州级还是联邦一级的部门，对那些滥用农药的行为都视若无睹。

我并不是说完全不能使用化学杀虫剂。我想要指出的是，我们不应该随意地把毒性很强的和对生物影响巨大的化学药剂交给那些对此知之甚少或者一无所知的人们。我们没有经过人们的同意，也没有告知他们其中的危害，就让其接触到了这些毒药。《权利法案》中确实没有明文规定公民有权不受致命毒药的威胁，不管来自个人，还是政府，那也只是因为纵然我们的先辈智慧过人、具有远见卓识，也无法预见今天这种问题。

此外，我还要强调的是，我们很少或从未调查化学药品对土壤、水、野生动物以及人类自身的影响，便允许它们投入使用。由于我们不够谨慎，对滋养万物的整个自然世界也未能给予足够的关切，后世子孙恐怕不会原谅我们的所作所为。

人们对于这种威胁的性质认识有限。这是一个专家的时代，每个人只看到自己的问题，而意识不到或者不愿意把它放在更加宏观的层面。这也是一个工业主宰一切的时代，为了赚钱不计代价的风气到处肆虐。当人们抓住一些杀虫剂造成灾难性后果的确凿证据而起来抗议时，政府就会给他们喂下镇定药丸，成分是一半真相一半谎言。我们现在迫切需要尽快结束这份虚假的承诺，不再为丑恶的事实包裹糖衣。承担虫害防控风险的人是大众，只有大众才有权做出决定是否沿着这条路走下去，而一切的前提是了解到事实的真相，正如吉恩·罗斯坦德所言："忍耐的义务给予了我们了解真相的权利。"

第三章　死神之药

　　每个人从出生到死亡，每天都不得不接触危险的化学药品，这在人类历史上还是头一遭。在投入使用以来不到20年的时间里，合成杀虫剂传遍了世界上的各个角落。大部分重要水系，甚至连看不见的地下水潜流中都检测到了药物残留。十几年前使用过的化学药物仍然会残留在土壤中，它们已经侵入鱼类、鸟类、爬行动物、家畜和野生动物的体内。在动物实验中，科学家几乎不曾发现不受污染的动物。在偏远的山涧湖泊的鱼儿体内，在土壤中蠕动的蚯蚓体中，在鸟蛋里，甚至在人的身体里都发现了化学药物的残留。如今，无论男女老少，大部分人体内都含有化学药物的残留，要知道，它们会出现在母亲的奶水中，而且有可能入侵胎儿的机体组织。

　　所有这一切的发生都是因为生产杀虫剂的化工产业突然崛起与迅猛扩张。这种产业是第二次世界大战的产物。在研制化学武器的过程中，人们发现实验室中的一些化学药品可以杀死昆虫。这一发现绝非偶然，因为昆虫曾被普遍用来当小白鼠，以测试化学药物对人类的杀伤力。

从此，人类开始源源不断地生产合成杀虫剂。在制造过程中，科学家巧妙地操控分子，替换原子，改变它们的排列，这些是战前简单的杀虫剂所无法比拟的。以前的杀虫剂原料都取自天然的矿物和植物，如砷、铜、锰、锌等就属于矿物质的化合物，再如干菊花中可提炼除虫菊素，烟草中含有尼古丁硫酸盐，从东印度群岛豆科植物中可以提取鱼藤酮等。

新型合成杀虫剂之所以与众不同是因为其极高的生物活性。它们的威力不仅在于毒性大，而且可以破坏人体最关键的生理过程，引起病变，甚至导致死亡。如我们所知，它们会摧毁保护人类免受伤害的酶，妨碍人类获取能量的氧化过程，破坏各器官的正常运转，还可能引起细胞发生缓慢却不可逆的变化，导致恶性肿瘤的出现。尽管如此，每年还会有新的、更多的致命化学药物问世，甚至出现了新的用途，所以全世界都在与这些药物亲密接触。1947年，美国合成杀虫剂的产量为124259000磅，到了1960年，这一数字飙升到637666000磅，增长了足足4倍多，而这些产品的批发总价已远远超过2.5亿美元。但单就化学工业的产业规划和远景来看，这仅仅是一个开始。

因此，杀虫剂应该引起我们每一个人的重视。如果我们注定要与它们密不可分——我们的饮用水以及食物中，甚至骨髓里都有它们的身影——那么，我们最好了解一下它们的特性和药力。尽管第二次世界大战标志着杀虫剂从无机化合物转入奇妙的碳分子世界，但少数旧原料仍在使用，而其中主要的物质之一就是砷，它仍是除草剂和杀虫剂的主要成分。砷的毒性很强，广泛存在于各种金属矿石中，少量存在于火山、海洋和温泉中，与人类的关系复杂、渊源颇深。因为很多砷化物是无味的，所以从波吉亚家族时代起，人类就选择用它来杀人。大约在两个世纪之前，一位英国医师已经发现烟囱灰中含有的砷与一些芳香烃一样可以致癌。在很长的一段历史时期里，由砷引发的人类慢性中毒事件是有案可查的。日常环境中的砷污染也会导致马、牛、羊、猪、鹿、鱼、蜂等生物患病或死亡。然而即便如此，砷雾剂和粉剂仍在广泛使用。美国南部施用过含砷农药的产棉地区，养蜂业几乎无法存在。长期使用含砷粉剂的农民饱受砷中毒的折磨，牲畜也因接触含砷的喷剂和除草剂而纷纷中毒。撒在蓝莓地里的含砷药粉飘落在附近的农田里，污染了溪流，毒死蜜蜂和奶牛，也致使人类患病。"我们国家对砷污染不管不顾的做法，简直到了极端的地步……"来自美国国家癌症研究院环境致癌方面的 W.C. 休博士说，"任何人只要见过工人使用喷粉机和喷雾器的工作状态，就一定会被他们处理这些有毒物质的随意态度所震惊。"

然而，现代杀虫剂更加致命。大部分药剂可以划归为两个门类：一类是以 DDT 为代表的"氯化烃"；另一类是包含各种有机磷的杀虫剂，以较为常见的马拉硫磷和对硫磷为代表。它们有一个共同点就是均以碳基生物体不可或缺的碳原子为基础合成，因而被称为"有机物"。要了解这些物质，我们就必须明白它们是什么，如何制成的，以及尽管其与构成生物体的基本化学物质相似，但到底是如何被改造成了死神的先锋官。

碳作为地球上的基础元素，碳原子彼此之间可以任意成链、环或其他构形，还能与其他元素的原子相结合，并无限地持续下去。事实上，小到细菌，大到蓝鲸，自然界中令人叹为观止的生物多样性正是源于碳的这种特性。复杂的蛋白质分子就是以碳原子为基本成分的，如脂肪分子、碳水化合物、酶类、维生素等。很多非生物也是如此，因为碳并不只代表生命。一些化合物只是碳、氢原子的简单组合，其中最简单的是甲烷，又称沼气，它是自然界中水下有机物经细菌分解产生的。甲烷与一定比例的空气混合，就会变成煤矿中令人闻之色变的"瓦斯"，其结构极其简单，仅由一个碳原子和四个氢原子构成：

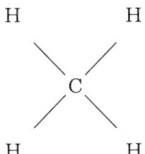

化学家们发现可以去掉一个或者全部的氢原子，用其他原子替换。例如，用一个氯原子代替一个氢原子，就可以得到氯化甲烷：

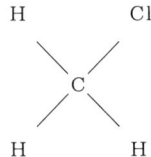

如果用三个氯原子替换三个氢原子，则又可以得到氯仿：

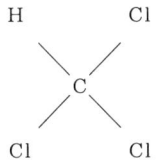

如果将所有的氢原子都替换成氯原子，就会得到四氯化碳，也就是我们最常见的清洁剂。

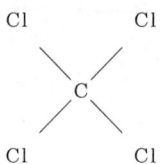

围绕甲烷分子的基本变化，我们用最简单的术语说明了烃类物质经过氯化后的样子。但是，这种简单的说明不足以显示烃的真正复杂性，也未能体现有机化学家创造复杂材料的手段。除了单一碳原子的甲烷外，化学家们还能够改变更为复杂的化合物，它们可能是由多个碳原子呈环状或链状排列而成，带有侧链和分支。而连接这些碳原子的化学键不仅有氢原子或氯原子，还有各种化学基团。看似微不足道的变化，却足以完全改变物质的特性。例如，不但碳原子上附着的元素很关键，就连附着的位置都至关重要。如此精巧的操控，便催生了一系列杀伤力巨大的毒药。

一位德国化学家在 1847 年首次合成了 DDT（双对氯苯基三氯乙烷）。但是直到 1939 年，人们才发现它具有杀虫的特性。随即，DDT 被誉为害虫的终结者，它们可以一夜之间铲除害虫，帮农民打赢战争，而瑞士化学家保罗·穆勒因为发现了DDT的杀虫功效更是获得了诺贝尔奖。如今，DDT被人类广泛使用。大部分人认为这是一种常见的无害产品。这一印象可能源于战争时期，成千上万的士兵、难民和囚犯会选择用在身上涂撒DDT的方法来对付虱子。如此之多的人都与DDT有过亲密接触，而没有出现不良后果，人们便普遍相信这种化学品肯定是安全的。这样的误解倒也可以理解，因为与其他氯化物不同，干粉DDT不容易被皮肤吸收；但若是溶于油性溶剂的话，DDT绝对有毒，被吞食后，它会经由消化道或肺部被人体慢慢吸收。一旦进入人体，DDT就会存留在富含脂肪的器官（因为DDT本身溶于油脂），如肾上腺、睾丸、甲状腺中，当然还有相当大一部分DDT会滞留在肝、肾以及包裹着肠系膜的脂肪层里。

可以想象，DDT在生物体的存量是从极小的摄入量开始的——小到无法察觉（DDT可残留于大多数食物中），直至达到很高水平。富含脂肪的人体器官起着生物放大器的作用，食物中的0.1 ppm[1]摄入量，会在体内积累到10～15 ppm，增加了100多倍。这些数字在化学家或药物学家的眼里稀松

---

① ppm，即parts per million，表示浓度，溶质质量占全部溶液质量的百万分比，也称百万分比浓度。

平常，但我们大部分人却对此知之不多。确实，百万分之一听起来很小，也确实很小。但是，这些化学品药效惊人，极小的量就足可以引起巨大变化。动物实验发现，3 ppm 就可以抑制心肌中一种重要酶的活性；5 ppm 就会引起肝细胞的坏死或衰变；而如果换成与 DDT 相似的狄氏剂和氯丹，那么仅需2.5 ppm 就会产生一样的效果。这并不令人诧异，在人体的正常化学过程中，物质的细微差别就能导致结果的巨大差异。例如，0.0002 克的碘就足以决定人的健康与疾病。由于微量的杀虫剂在体内逐渐积累，且排泄过程十分缓慢，所以肝脏以及其他器官的慢性中毒和退化病变是真实存在的。

关于人的体内会存留多少 DDT，科学界还没有统一的认识。美国食品药品监督管理局首席药物学家阿诺德·莱曼博士表示，因为 DDT 的吸收不存在最低阈值，也没有最高阈值，所以，不管多少都会被人体吸收。另一方面，美国公共卫生署的维兰德·海斯博士却认为，每个人的体内都会有一个存储DDT 的阈值，超过这个限度，它就会被排泄出来。实际上，谁的观点正确并不重要。我们已经对 DDT 在人体内的存储进行了充分的调查，并且了解到普通人体内的 DDT 残留量具有潜在危害。各项研究表明，没有明确 DDT 接触史的人（不可避免的饮食除外），其体内平均残留量为 5.3 ~ 7.4 ppm；从事农业劳动的人为 17.1 ppm；杀虫剂工厂里的工人居然高达

648 ppm！可见，DDT 在人体内的积存量的变化幅度很大。更重要的是，即使最小的数值也已经超出了肝脏及其他器官或组织的承受能力。

DDT 以及同类化学药品最危险的一个属性是，它们可以通过食物链从一个有机体转移到另一个有机体内。例如，在苜蓿地喷洒了 DDT，然后农夫把苜蓿喂给母鸡，母鸡下的蛋中也会含有 DDT。或者，用含有 7 ~ 8 ppm DDT 的干草喂养奶牛，牛奶中就会含有大约 3 ppm 的 DDT 残留物，但是在牛奶制成的黄油中，其浓度会骤升至 65 ppm。经过这样的传导过程，本来很小剂量的 DDT，最后会达到很高的浓度。虽然食品药品监督管理局禁止州际贸易中的牛奶存在农药残留，但事实上，农民们已经很难找到未受污染的饲料来喂养奶牛了。

有毒物质还可以从母亲传给子女。美国食品药品监督管理局的科学家们已经从人奶取样中检测出了农药成分。这意味着婴儿在母乳喂养的阶段，也在不断地吸收、蓄积有毒的化学物质。然而，这绝不是小孩子第一次接触有毒化学品，有证据显示，婴儿在胚胎时期就已经开始"吸毒"了。动物实验表明，氯化烃类杀虫剂可以毫不费力地穿过胎盘壁垒，而胎盘正是胚胎与母体之间阻挡有害物质的保护层。虽然婴儿通过这种方式吸收的有毒物质比较少，却不容忽视，因为孩子比大人更为脆弱。这就意味着，普通人从出生开始就吸收有毒物质，并会携带终生。

　　基于以上所有的事实——即使人体内积累的毒素很少，但是加上之后的蓄积，正常饮食中摄入的化学残留物还是会对肝脏造成各种损伤。美国食品药品监督管理局早在 1950 年就发布声明："DDT 的潜在危害极有可能被低估了。"人类医学史上类似的情况绝无仅有，没人知道最终的结果会怎样……

　　另一种氯化烃化合物——氯丹，不仅具有 DDT 所有令人讨厌的特质，还拥有一些个别的特性。氯丹的残留物会在土壤、食物或施用过它的物体表面长期滞留。它无孔不入，既可以通过皮肤渗入，还会以喷雾或粉末的形式被生物体吸入。当然，吞咽后的氯丹残留物则会被消化道吸收。与其他氯化烃一样，氯丹也会在生物体内慢慢累积。动物实验表明，一次进食含有 2.5 ppm 的氯丹，最终会在动物脂肪内累积至 75 ppm 的残留物。像莱曼博士这样经验丰富的药物学家曾在 1950 年宣称，"氯丹是毒性最强的杀虫剂之一，任何接触它的人都可能中毒"。然而对于这个警告，谁也不当回事，郊区的居民依然我行我素，随意使用氯丹配制杀虫剂，并慷慨地喷洒在自家的草坪上。有人会说这些人并没有立即发病，但这种结论没有丝毫说服力，因为毒素可以在他们体内潜伏很久，直到几个月或几年后才会突然发病，但到那个时候，病因已经不可能查清了。另一方面，死神也可能突然降临。一位受害者不小心把一种浓度为 25% 的工业溶液洒到皮肤上，40 分钟内就出现了中毒迹象，还没来得及抢救就死了。纵然提前发出警告能够使中毒事件得到及时的处理，但指望这个来解决问题一点也不靠谱。

氯丹的成分之一——七氯，在市场上作为一种单独的制剂出售。它极易被脂肪吸收、贮存。如果饮食中包含 1 ppm 的七氯，人体贮存的浓度就已经高到可以被检测出来了。此外，它还可以神奇地变换成另一种不同化学性质的物质——环氧七氯，这样的变化可以在土壤中及动植物组织中发生。鸟类药物实验表明，这种转变产生的环氧化物比原来的七氯毒性更强，而七氯的毒性也已是氯丹的 4 倍了。

早在 20 世纪 30 年代中期，人们便发现了一类特殊的烃类——氯化萘。在工作中直接接触它会引发肝炎，而由于职业原因接触过它的人也无一例外都患上了极为严重的肝部疾病。从事电气行业的工人因它患病，最近人们发现它还是导致农户的牛群离奇患病的元凶。鉴于这些先例，就不难理解狄氏剂、艾氏剂和异狄氏剂的威力，它们与氯化萘相关，是所有烃类药物中毒性最为猛烈的三种。

狄氏剂因德国化学家狄尔斯而命名。它的吞食毒性是 DDT 的 5 倍，其溶液通过皮肤吸收后，毒性更是相当于 DDT 的 40 倍。狄氏剂臭名昭著，因为它令人快速发病，并攻击受害者的神经系统，使患者出现抽搐等症状。中毒者的恢复过程十分缓慢，足以证明其危害的持续时间很长。同其他氯化烃一样，狄氏剂也会造成肝脏的严重损伤。尽管它的使用会大规模地毁灭野生动物，但是由于药效持久、杀虫功效显著，狄氏剂已经成为应用最广的杀虫剂之一。鹌鹑和野鸡的实验证明，狄氏剂的毒性是 DDT 的 40～50 倍。

狄氏剂是如何在体内贮存、分布和排泄的，我们不甚了解。因为化学家们创造杀虫剂的才能远在我们的认识之上，而这些化学药品对生物体的影响，我们还未完全清楚。然而，种种迹象表明，这些毒素会长期存留于人体，像休眠的火山一样，当人产生生理压力、需要消耗大量脂肪时，它们就会突然暴发。我们所掌握的这方面的知识大都来自世界卫生组织进行的艰苦卓绝的抗疟运动。在疟疾的防治中，用狄氏剂取代 DDT 之初（因为蚊子已经对 DDT 产生了抗药性），喷药人员便开始出现中毒现象，发病情况非常剧烈，一半甚至全部的中毒者都发生了痉挛（因工作情况，病症各异），数人死亡；一些人则在接触完药物的 4 个月之后才出现抽搐的症状。

艾氏剂是蒙着一层神秘面纱的物质。虽然它作为独立药剂而存在，但它与狄氏剂实则关系密切。如果一片胡萝卜地施用了艾氏剂，那么这里的胡萝卜中便会检测出狄氏剂的残留。这种变化既然能在机体组织内部发生，也能在土壤里发生。这种现象导致了许多研究报告出现错误，因为检测人员要检测的目标是艾氏剂，所以自然而然地认为药物残留已经消失了。实际上，残留物仍在，只是已经变成了狄氏剂，因而需要其他的检测方法。

跟狄氏剂一样，艾氏剂也有剧毒，同样会引起肾脏和肝脏的退化性病变。一片阿司匹林大小的艾氏剂药块，足以杀死400多只鹌鹑。很多人类中毒的案例也已经出现，其中大多数与工业接触有关。

与很多同类杀虫剂一样，艾氏剂给未来投下了一片可怕的阴影——不孕症。野鸡吃下很小剂量的艾氏剂后，虽然不会死去，产蛋量却大大减少，孵出的小鸡不久后便会死去。事实上，这种影响不局限于禽类。接触艾氏剂的母鼠，其怀孕次数也会减少，而且幼鼠均多病短命；经过艾氏剂治疗的母狗，产下的小狗三天后就死了。这些动物的后代之所以受难，罪魁祸首均是其母体内的毒素。没人知道，同样的悲剧是否会发生在人类身上。但是，这种化学药物已经通过飞机洒向了郊区和农田。

异狄化剂是所有氯化烃化合物中毒性最强的。虽然其化学性质与狄氏剂关系紧密，分子结构的细微差异却使它的毒性5倍于狄氏剂。此类杀虫剂的始祖——DDT的毒性若是与异狄化剂相比，可以算得上是无毒无害了。异狄化剂对哺乳动物的毒性是DDT的15倍，对于鱼类是30倍，对于一些鸟类则高达300倍。在投入使用的10年当中，异狄化剂毒死了不计其数的鱼类。误入喷洒过药剂果园的牲畜也会身中剧毒，井水也被污染。至少有一个州的卫生部门已经发出警告：盲目使用异狄化剂已经威胁到了人类的健康。

在一起最为悲惨的中毒事件中，异狄化剂的使用并没有存在明显的疏忽，因为喷洒之前已经采取了足够多的预防措施。一个一岁的美国小男孩跟着父母搬到了委内瑞拉。他们在新家里发现蟑螂，所以，几天后他们使用了含有异狄化剂的喷雾剂。大约在早上9点，在开始喷药之前，孩子和小狗都被带到了屋外。喷药过后，父母又清洗了一遍地板。下午的时候，孩子和小狗才被带回到屋里。大约1小时后，小狗开始呕吐、抽搐，最后死去。当天晚上10点左右，孩子也开始呕吐、抽搐，失去知觉。与异狄化剂的致命接触，使这个本来健康的孩子变成了植物人——看不见、听不到、肌肉频繁痉挛，对外部世界完全没有了感知。在纽约一家医院里治疗了几个月后，孩子的病情仍未见起色，更不见好转的希望。主治医师说："康复的机会非常渺茫……"

第二大类杀虫剂——有机磷类物质，可跻身于毒性最强的化学品之列。施用这类药剂伴随而来的危险是急性中毒。喷药作业或者碰巧接触到飘浮的飞沫、喷洒过药剂的蔬菜和丢弃的药剂容器都存在致命危险。在佛罗里达州，两个小孩找到一只空口袋，用它来修补秋千。不久后，他们便死去了，另外三个小玩伴也病倒了。原来，这只袋子曾用来贮存一种叫作对硫磷的杀虫剂，那是一种有机磷化合物。经检验证实，两个孩子均死于对硫磷中毒。在另外一个案例中，威斯康星州的一对小表兄弟在同一晚上死去。其中一个孩子在自己家的院子里玩耍时，农药飘进了院子，因为当时他的父亲在附近的田地里给土豆喷洒了对硫磷；另一个小孩则在跟着自己的父亲跑进谷仓玩耍时，用手抓了一下喷雾器的喷嘴。

实际上，有机磷类杀虫剂的诞生充满了讽刺意味。虽然一些化学品，如有机磷酸酯，人类对其早已熟知，但是直到20世纪30年代末，才由德国化学家格哈德·施瑞德发现其杀虫功效。德国政府立刻意识到，这些化学品可以作为新的强大武器在战争中对付敌人，于是，此类研究工作被列为机密。其中一些化学物质被制成了神经毒气，另一些结构相似的则被制成了杀虫剂。

有机磷杀虫剂以一种独特的方式作用于生物体。它们可以破坏在人体中起重要功用的酶类。不论受害者是昆虫还是温血动物，它们要攻击的目标都是神经系统。正常情况下，神经脉冲借助一种叫作乙酰胆碱的"化学传导器"在神经间进行传递，这种物质完成必要的任务后就会消失。实际上，乙酰胆碱的存在非常短暂，以至于医学研究人员需要经过特殊处理才可能在其遭受破坏之前完成取样。这种短暂的化学传导正是身体所必需的。在一次神经脉冲完成后，如果不及时分解乙酰胆碱，脉冲就会继续在神经间飞速穿梭，导致整个身体变得不协调——颤抖、抽搐，紧接着死亡。

不过，我们的身体早已为此做好了应对的准备。有一种叫胆碱酯酶的保护性酶类，一旦我们的身体不再需要传导物质的时候，胆碱酯酶就会将其消除。我们的身体通过这种方式实现了一种精确的平衡，因而保证体内不会因积累过多的乙酰胆碱而产生危险。然而，只要一接触到有机磷杀虫剂，保护性酶类就会遭到破坏。酶类的减少则会导致乙酰胆碱的逐渐蓄积。从作用机理上看，有机磷化合物与一种从毒蘑菇里发现的生物碱——毒蕈碱很相似。

反复接触有机磷化合物会降低胆碱酯酶的含量，当数值达到急性中毒的临界点时，只要再增加一点点的接触就会导致毒性的发作。所以，对喷药人员和经常与之接触的人员定期进行血液检查是必要的。

对硫磷是一种使用最为广泛的有机磷化合物之一，也是毒性最强、最危险的。蜜蜂在接触它之后，会变得"焦躁而好斗"，并做出近乎疯狂的清洁行为①，半个小时内就会死亡。曾经，有一位化学家想用最直接的方式搞清楚引发人类急性中毒的剂量。他吞下了微量的对硫磷，大约 0.00424 盎司，结果他

---

① 蜜蜂的清洁行为能保护蜂群免于寄生螨虫的侵害，拯救蜂巢免受灾难。

很快就瘫痪了，甚至来不及够到早已备好的、放在手边的解毒剂，就这样死去了。

据说，在芬兰，对硫磷是最受欢迎的自杀药剂。近年来，加利福尼亚州每年大约有 200 例因疏忽导致的对硫磷中毒事件。在世界上的其他国家，对硫磷引起的中毒死亡率也同样令人震惊——1958 年，印度发生 100 起，叙利亚出现 67 例，而在日本，平均每年有 336 人因对硫磷中毒而死。如今，美国的农田和果园每年要消耗约 700 万磅对硫磷，主要施用工具有手动喷雾器、电动鼓风机、喷粉器及飞机。据医学界的某一权威机构估算，加利福尼亚州农场中对硫磷喷洒的总量，"就可以毁灭全球总人口 5 ~ 10 次"。

事到如今，我们之所以会幸免于难，是因为对硫磷及其同类化学物质的分解速度较快。因此，与氯化烃相比，它在庄稼上的残留时间比较短。然而，即使对硫磷的作用时间较短，也足以造成伤害，引发严重后果，甚至死亡。在加利福尼亚州的河滨，30 个采橘人中就有 11 人患有严重疾病，除了一人外，全部被送往医院救治。他们的症状就是典型的对硫磷中毒。两周半以前，这片橘林喷洒过农药。在 16 ~ 19 天之后，药物残留仍引发采橘人出现干呕、视力下降、神志不清等症状。然而这并不是对硫磷残留时间的最长纪录。一个月前喷过农药的果园里也发生过同样的悲剧；检测人员还发现，使用标准剂量喷药的橘林在6个月后采下的橘子皮中仍然发现了农药残留。

在田地、果园、葡萄园里喷洒的有机磷农药会对工人的健康造成极大威胁，所以一些州设立了实验室以帮助医生们对农药中毒者进行诊断和治疗。如果医生们在救助中毒患者的时候，不戴橡胶手套，也会面临一定风险，就连给患者洗衣服的女工都有可能因吸收足量的对硫磷而中毒。

马拉硫磷是另一种有机磷化合物，差不多与DDT一样广为人知。它被广泛应用于园艺、家庭杀虫、控蚊以及其他需要地毯式灭虫的场合。例如，佛罗里达州的居民就曾在将近100万英亩的土地上喷洒马拉硫磷，以消灭一种地中海果蝇。很多人认为它是同类化学品中毒性最小的，而且觉得它没有什么危害，可以放心地使用。就连广告都在助长这种盲目的态度。然而，马拉硫磷的"安全性"依据根本不成立，不过这一点是在其投入使用几年后才被发现的，很多情况也证明确实如此。马拉硫磷之所以"安全"，是因为哺乳动物的肝脏具有强大的保护功能，能够消除其危害。肝脏的解毒作用主要由一种酶完成。但是，如果这种酶遭到破坏，或其作用过程受到干扰，接触马拉硫磷的人就不得不承受全部的毒素攻击了。

不幸的是，类似的事情经常发生。几年前，美国食品药品监督管理局的一个科学小组发现，马拉硫磷和其他有机磷化合物同时使用会产生巨大的毒性，是这两种物质毒性相加的50

倍。换言之，即使这两种物质的剂量都取不到各自致死量的1%，但结合后却可以产生致命的毒性。

这一发现促使科学家们开始研究其他化学品混合使用的情况。现在人们知道，很多有机磷酸酯化学品的组合非常危险，因为混合以后毒性会增强或产生增强作用。之所以会发生后一种情况，是由于一种农药破坏了肝脏中能消解另一种农药的酶，因此两种农药不可以同时施用。如果一个人这一周喷洒了这种杀虫剂，下周再使用另一种的话，便会有中毒的风险，而这种危险还有可能落到食用农产品的消费者身上。例如，一碗普通的沙拉里很可能含有不同种类的有机磷杀虫剂，即使残留量符合法定的标准，两种农药也可能会发生相互作用。

虽然我们对这种相互作用的危险不甚了解，但是科学实验室公布的令人担忧的结论却屡见不鲜。其中一项研究认为，使一种有机磷杀虫剂毒性增强的不一定是杀虫剂。例如，在增强马拉硫磷的毒性方面，一种增塑剂的效果可能要优于杀虫剂，这是因为它能够抑制肝脏中可以"拔掉杀虫剂毒牙"的酶类。

那么，人类生产的其他化学品又是怎样的呢？尤其是药物，是什么情况呢？关于这方面的研究才刚刚起步，但是我们已经知道，一些有机磷杀虫剂（如对硫磷和马拉硫磷）会使一些肌肉松弛剂的毒性增强，其他几种磷酸酯（同样包括马拉硫磷）则会明显延长服用巴比妥类药物后的安眠时间。

在古希腊神话中，女巫美狄亚因自己的丈夫伊阿宋移情别恋而勃然大怒，因此，她送给了伊阿宋的新欢一条施了魔法的长袍。那女子穿上长袍后立即暴毙。如今，这种通过间接接触而致人死亡的能力找到了它的对应物——"内吸杀虫剂"。这类化学药品具有特殊的性质，它们可以把植物或动物变成有毒的美狄亚长袍。这样做的目的是杀死前来侵犯的昆虫，尤其是吸食植物汁液和动物血液的害虫。

内吸杀虫剂的奇妙世界不可思议，早已超出了格林兄弟的想象，或许更接近于查尔斯·亚当斯的漫画世界。在这个世界里，魔幻的森林变成了有毒的树木，昆虫咀嚼树叶或吸食植物汁液后必死无疑。跳蚤因为吸食狗的血液而死，因为狗的血液里已经有了毒性；从未触碰过植物的昆虫也无法幸存，因为它吸入了植物蒸腾作用挥发的水汽；蜜蜂会带着有毒的花蜜回巢，最终酿出的蜂蜜也含有剧毒。

应用昆虫学领域的工作者在自然界获得启示：他们发现在含有硒酸钠的土壤中长出的小麦对于蚜虫和叶螨免疫。由此，激发了昆虫学家研发内吸杀虫剂的想法。硒是一种自然生成的元素，只少量存在于世界各地的岩石和土壤里，是人类发现的第一种内吸杀虫剂。

所谓内吸杀虫剂，即是可以渗透植物或动物体内各个组织并使之毒化的农药。一些氯化烃类化学药剂以及有机磷类化学品具备这种属性，这些都是人工合成的物质，还有一些自然生成的物质也具备这种属性。然而，在实际应用中，大部分内吸杀虫剂都属于有机磷类农药，因为其残留问题相对较轻。

内吸杀虫剂还会以迂回的方式发生作用。通过浸泡或与木炭混合制成包衣剂后，它们的药力会延伸到下一代植物体内，长出的幼苗会毒死蚜虫和其他吮吸性害虫，诸如豌豆、蚕豆、甜菜等植物就是这样进行自我保护的。带有内吸式包衣剂的棉花籽在加利福尼亚州已经种植了一段时间。1959 年，加利福尼亚州圣华金河谷的 25 名工人在种植棉花时突然发病，就是因为他们触摸了贮存包衣种子的袋子。

在英国，有人想知道蜜蜂在经内吸杀虫剂处理过的植物上采蜜会发生什么情况。于是，人们在喷洒过八甲磷农药的地区进行了调查。虽然农药是在花期前喷洒的，但开花后的花蜜中仍然有毒。所以果不其然，蜜蜂酿的蜂蜜也被八甲磷污染了。

动物内吸杀虫剂主要用来控制牛蛆——牲畜身上的一种有害的寄生性昆虫。为了在动物血液和组织中发挥作用而不产生致命的毒性，施用者必须加倍小心，因为这种平衡极其微妙。政府机构的兽医们也已经发现，反复的小剂量用药会逐渐耗尽动物体内的保护性酶类——胆碱酯酶，此后哪怕再摄入极小剂量的农药也可能引发中毒反应。

很多迹象表明，动物内吸杀虫剂正逐步走进我们的生活。

据说，你现在可以给你的狗喂一片药，而这种药可以使狗的血液有毒，进而消除虱子的困扰。但是发生在大牲畜身上的用药风险同样会出现在狗身上。就目前看来，还没有人建议研制人类内吸杀虫剂来对付蚊子。也许，这就是下一步将要发生的……

到目前为止，本章一直在讨论人类跟昆虫做斗争中所使用的致命化学物质。那么，我们与野草的战争又是怎样的呢？人们想快速而简便地除掉不需要的植物，便催生了一批叫作除莠剂的化学药品，或者可称作除草剂。关于这些药剂是如何使用以及如何误用的，我们将在第六章进行讲述。现在我们关心的是，除草剂是否有毒，它的兴起是否加剧了环境污染。

除草剂只对植物有毒，对动物没有危害的说法广为流传，但是不幸的是，这种观点是错误的。除草剂中的化学成分对动植物都会产生影响，且作用大小不一——有的是一般毒药；有的是促进新陈代谢的强力刺激物，会使动物因体温骤升而死亡；有的可以单独使用或跟其他化学品共同作用，会引发恶性肿瘤；有的会导致基因变异，进而破坏遗传物质。所以，除草剂和杀虫剂一样，都包含一些非常危险的物质。如果人们错误地认为它们是"安全的"而滥用，则会引发灾难性的后果。

尽管新的化学药物一个劲儿地从实验室里冒出，但砷类化合物还是在杀虫剂（如上文所提）和除草剂中广泛使用，通常以亚砷酸钠的形式出现。砷化物的使用历史也并不让人放心：

用作路旁除草剂时，它们毒死了很多奶牛，还杀死了难以计数的野生动物；用作水中除草剂施用于湖泊和水库时，则导致公共区域的水资源无法使用，甚至不宜游泳；施用于马铃薯田中清除马铃薯藤蔓的砷类除草剂也夺走了很多人的和其他生物体的生命。

大约在 1951 年年初，因为先前用于烧掉马铃薯藤蔓的硫酸出现了短缺，英国便开始在马铃薯地里使用含砷农药。英国农业部认为，有必要对进入喷过含砷农药田地的人们加以警示，但牲畜可看不懂这样的警示（野生动物和鸟类也看不懂）。关于牲畜因含砷农药中毒的报道不绝于耳，直到一个农夫的妻子因喝了被含砷农药污染的水中毒身亡后，英国一家大型化学品公司才开始于 1959 年停止生产含砷的农药，并召回了经销商手中的存货。不久后，英国农业部宣布，由于对人类和牲畜造成的严重威胁，该国将限制亚砷酸盐的使用。1961 年，澳大利亚政府也出台了类似的禁令。然而，美国却迟迟没有出台相同的规定。

有的"二硝基"化合物也被用作除草剂。在美国，它们被列入了同类药物中最危险的名目。二硝基酚是一种高效的新陈代谢增强剂，因此人们曾经把它当作减肥药来使用，但是瘦身剂量与中毒或致死剂量差别太小。所以，在停药之前，一些病人死去了，还有很多人遭受了永久性伤害。

一种与二硝基相关的化学物质——五氯苯酚，有时称作"五氯酚"，既用作除草剂，又用作杀虫剂，常喷洒于铁路沿线和荒地里。五氯酚对多种生物体来说毒性都很强，从细菌到人类都在它的影响范围之内。跟二硝基一样，它会干扰机体内部的能量来源，这通常是极为致命的，凡是受到影响的生物体几乎都耗尽了自己的生命。

最近，加利福尼亚州卫生署报告的一起死亡案例就证明了五氯酚的可怕毒性。一名油罐车司机正在用柴油和五氯苯酚配制棉花脱叶剂。在他从大桶里抽出这种浓缩化学品时，塞子意外地掉进了桶里，他赤手把塞子捞了出来。虽然他立即洗了手，但还是迅速发病，第二天就死了。

亚砷酸钠或酚类除草剂造成的后果大都显而易见，而另外一些除草剂的影响却隐伏难觅。例如，现在流行的蔓越莓除草剂——氨基三唑，又称"除草强"——被定性为低毒农药。但长远来说，它引发野生动物和人类甲状腺恶性肿瘤的可能性极高。

还有一些除草剂属于"诱变剂"，能够改变遗传物质——基因。我们会因辐射导致基因变化而深感震惊。那么，对于无处不在的化学农药所造成的沉重后果，我们又怎能漠不关心呢？

第四章　陆地之水

在所有的自然资源中，水已经变成了最宝贵的资源。地球表面的大部分都被海水覆盖着，然而身处海洋包围中的我们仍然觉得缺水。这种奇怪的悖论是因为海水中含有大量的海盐，不适合作为农业、工业或人类生活用水。因此，地球上大部分人口不是正面临着，就是将要面对水资源短缺的威胁。在这个时代，人类已经忘记了自己的先祖，看不见自己生存的基本需要，水资源以及其他资源已经变成了人类冷漠态度的牺牲品。

人类对环境的污染是多方面的，水源污染只能作为其中的一个部分，而杀虫剂对水资源的污染只有放在这样的大背景下才能被人类理解。水资源污染的来源有很多种：核反应堆、实验室以及医院排放的放射性废弃物；核爆炸产生的放射性尘埃；城镇家庭垃圾；工厂排出的化学废料；等等。现在又增添了一种新的沉降物——施用在农田、花园、森林以及原野的化学喷剂,其中许多混合化学药剂的威力甚至超越了辐射的危害。这些化学药剂本身就存在着危险的反应和转化,它们越不为人知,其危害就越大。

自从化学家开始研制自然界从未出现的化学物质,水质净化的问题就逐渐复杂起来,人们面临的危险也逐渐增加。我们都知道,合成化合物的大量生产始于20世纪40年代,如今生产规模声势浩大,每天都会有大量的化学污染物排放进国内的河流。这些化学污染物与生活垃圾以及其他废弃物混合,进入同一水域后,净水厂常用的分析手段已经无法检测出它们的行踪。许多化合物的性质都非常稳定,常规的处理方法无法使其分解,甚至都无法识别它们。大量污染物在河流中结合、淤积,连卫生工程师也只能绝望地称之为"黏性物质"。麻省理工学院的罗尔夫·艾拉森教授在一次国会委员会上表示,目前没有办法预测这些化学物质的合成效应,也无法识别混合物中的有机成分。他还坦言:"我们根本不知道它们是什么,以及对人类有什么影响。我们什么都不知道。"

更为严重的是,用于控制昆虫、啮齿动物以及杂草的各种化学农药正不断加剧有机污染物的产生。其中,有一些是故意施放于水体中的,用以消除水生植物、昆虫幼虫或杂鱼;有的是在森林中喷洒过的农药,为了对付一种害虫,人们会在一个州两三百万英亩的森林上喷洒农药,有些喷洒物会直接汇入溪流，或穿过树冠落在林中的土地上。紧接着，农药会进入地下渗流，开始前往大海的漫漫旅程。喷洒于农田的、用来对付昆虫和啮齿动物的数百万磅农药，也会借助雨水离开地面，被冲进河水中，最终奔向大海的浩瀚水体之中。

有确凿的证据表明，在河流甚至自来水中，这些化学污染物都随处可见。例如，科学家在宾夕法尼亚州的一片果园中采集了水样，并在鱼身上进行实验，他们发现水体中所含的杀虫剂浓度之高足以在 4 个小时内将用于实验的鱼类全部杀死。溪水，流经一片喷洒过农药的棉田，即使经过净化厂处理后，仍对鱼类有致命的毒性。使用过毒杀芬（一种氯化烃类农药）的农业径流，甚至杀死了亚拉巴马州田纳西河的 15 条支流的所有鱼类。其中，有两条支流还是当地城市的饮用水源。更可怕的是，在使用杀虫剂一周后，水体仍然有毒，因为放置在河流下游水箱里的金鱼每天都会死亡。

大多数情况下，这种污染踪影难觅，不易发现，只有在鱼群成百上千地死去时，人们才会觉察，但多数情况下，根本检测不出来。负责检查水质的化学家尚未对这些有机污染物进行定期的检查，更没有方法消除它们。但是，无论检测结果怎样，杀虫剂都是客观存在的。而且，跟大规模施用于地表的其他物质一样，这些化学农药污染物也已经进入许多河流，甚至可能是美国境内的全部水系。

我们的水域几乎全被杀虫剂污染了，如果有人心持怀疑，那么他应该研究一下美国鱼类及野生动植物管理局在1960年发布的一份报告。这个部门进行了一项研究，旨在调查鱼类是否像哺乳动物一样会在体内贮存杀虫剂。第一批样品取自美国西部森林地区。为了控制蚜虫，那里大面积地喷洒了DDT。实验结果显示，全部鱼类体内均含有DDT。当调查人员将第一批样品与取样自喷洒农药地区30英里之外的一条小溪的样本做对比时，才有了真正的重大发现——这条小溪处在取样地区的上游，中间还隔着一条很高的瀑布，这里并没有喷洒过农药。然而，这里的鱼类体内还是检测出含有DDT。难道化学污染物是通过隐匿的地下河流到达这条小溪的吗？还是随风飘散，降落在溪水表面的呢？在另一项对比调查中，调查人员在一个鱼类产卵区内的鱼类体内也发现了DDT，要知道，产卵区的水源来自一口深井，而这个地方同样没有使用过农药。看来，污染的唯一途径必然与地下水有关。

在所有的水污染问题中，没有什么能比大面积的地下水污染更令人担忧。想在任何一处水源中施用杀虫剂而不影响别处的水源，是绝对不可能的。大自然不会在完全封闭和相互隔绝的空间中运转，水资源的循环过程也是如此。雨水落在地面，通过土壤的细孔和岩石的缝隙渗入地下，并不断深入，直至一个所有岩石缝隙都充满水的地方。那里是一个黑暗的地下海洋，起于山下，没于谷底。这部分地下水总是不停地运动着——有时候很慢，一年只移动不到 50 英尺；有时候很快，一天之内就可以移动 0.1 英里。它在人类看不见的水道里流动，直到在某地以泉水的形式冒出地面，或者被引进一口井里，但大部分情况下，地下水会补给到溪流与河水中。除直接进入河流的雨水和地表径流外，所有在地表流动的水都曾是地下水。因此，我们可以毫不夸张地说，地下水污染就等于全部水体污染，这是极其可怕的。

科罗拉多州一家工厂排出的有毒化学物质想必一定也是先经过这样黑暗的地下海洋，才到达了几英里以外的一片农田，污染了那里的井水后，最终使人类和牲畜得病、庄稼减产。这样离奇的事情有了第一次后，相似的事件就会接连发生。简言之，水污染的历史就是这样的——1943 年，位于丹佛附近的军用化工集团落基山军工厂开始生产军需物资。8 年后，军工厂的设备租给了一家私人石油公司生产杀虫剂。然而，在开始生产农药之前，怪事接二连三地发生了：几英里之外的农民不断报告说自己的牲畜患上了奇怪的疾病，并抱怨大片庄稼遭到严重毁坏——树叶变黄，植物不再生长，很多作物死去。人类患病的消息也相继传出，有人认为这些事与军工厂有关。

这些农场的灌溉用水取自很浅的水井。1959 年，美国的几个州与联邦机构都参与了这项调查，经检验发现，井水中含有多种化学农药残留。落基山军工厂在生产期间，往收集池中排放了多种化学物质，包括氯化物、氯酸盐、磷酸盐、氟化物和砷。很明显，军工厂与农场之间的地下水被污染了，这些污染物从工厂的收集池移动到 3 英里外的一处最近的农场用了七八年的时间。然而，这种渗透还将会继续，污染的面积更是不得而知，调查人员也没有任何办法来控制污染或阻止它的蔓延。

一切已经够糟的了，但是最离奇、影响最深远的是，在一些水井和军工厂的废料收集池中检测出了除草剂 2,4-D。当然，它的发现已足以解释灌溉用水对庄稼造成的破坏。但奇怪的是，军工厂从未生产过 2,4-D。经过长期细致的研究，工厂的化学家认为，2,4-D 是在军工厂露天收集池中自发形成的，由化工厂排出的其他物质合成。并没有化学家的干预，收集池在空气、水、阳光的作用下，变成了一个化学实验室，并生成了一种新的化学物质，而这种物质居然可以杀死它接触到的所有植物。

可见，科罗拉多州农场以及被毁庄稼的遭遇已超出了地区的界限，具有了更广泛的意义。其他地方又会怎样呢？不只是科罗拉多州，其他遭受化学污染的公共水域会是怎样的状况呢？在各地的湖泊和溪流中，那些贴着"无害"标签的化学药剂在空气和阳光的催化下会生成怎样的危险物质呢？

实际上，水资源化学污染最令人担忧的一面在于，不论在河流、湖泊、水库，还是你家餐桌上的一杯水中，都会含有多种化学混合物——负责任的化学家绝不会在自己的实验室里合成这样的物质。面对这些自由混合的化学物质之间可能发生的反应，美国公共卫生署的官员恐慌不已。他们担心相对无害的化学物质会大规模地转化为有害物质。化学反应也许会在两种或多种化学物之间发生，也许会在化学物质与放射性废弃物之间产生，而后一种正源源不断地排入河流之中。在电离辐射的作用下，原子很容易重新排列，进而改变其化学性质，甚至引发不可预计、无法控制的后果。

当然，不只是地下水受到污染，地表水（溪水、河流、灌溉用水）同样未能幸免。在加利福尼亚州的图利湖与下克拉玛斯湖国家野生动物保护区，地表水的污染都同样在逐渐加重，形势令人担忧。包括俄勒冈州边上的上克拉玛斯湖在内，这些地区同属一个自然保护区的链条。也许是上天的安排，它们相互连接，共享同一个水源。广袤的农田就像海洋一样，而这些保护区则是点缀在海洋上的小岛。这里曾是一片沼泽与露天水域，也是水鸟的天堂，后经排水工程与河道疏浚才改造成农田。

保护区周围的农田依靠上克拉玛斯湖的湖水灌溉。灌溉用水滋润了农田，然后汇合，流入图利湖，再从这里流入下克拉玛斯湖。因此，图利湖和下克拉马斯湖两个保护区的全部水体都来自农业排水①。而将这种情况与最近发生的事件放在一起研究是至关重要的。

1960 年夏天，保护区的工作人员在图利湖和下克拉玛斯湖发现了成百上千只已死亡或者将要死亡的鸟儿，大部分是食鱼鸟类——苍鹭、鹈鹕、鸥鸟。鸟儿体内发现有农药残留，经检测为毒杀芬、DDD 及 DDE。湖中鱼儿和浮游生物体内也发现了杀虫剂残留。保护区管理员认为，农田使用了大量农药，被污染的灌溉水回流到保护区中，方才致使化学毒物在保护区水体中不断蓄积。

水源是保护区最核心的资源，有了水源，西部猎鸭人才会有充足的猎物，那些珍视空中飞翔的禽鸟，喜欢观赏缤纷花羽、聆听婉转鸟鸣的人们才会收获由衷的欢喜，如今，天籁美景却已难以寻觅。这些保护区对于西部水鸟至关重要，因为它们位于候鸟迁徙路径的汇聚之地——太平洋迁飞区，位置就像漏斗的细颈。每到秋天，候鸟迁徙之际，从白令海峡到哈德逊湾的鸟巢中飞来的野鸭和天鹅，其数量就大约占飞往太平洋沿岸水鸟的四分之三。夏天的时候，保护区又为水鸟，特别是两种濒危物种——红头鸭和棕硬尾鸭提供了栖息地。如果保护区的湖泊和池塘受到了严重污染，西部地区的水鸟将遭受无法挽回的

---

① 农业排水主要指从耕地中流出的水，大多含有浓度较低的农药。

伤害。

水滋养着一整条生物链，从微如尘埃的浮游生物的绿色细胞，到水蚤，再到以浮游生物为食的鱼儿、水貂、浣熊，生命间的转化无穷无尽，而从这样大的语境去思考水资源的问题是极为必要的。我们都知道，水体中含有的对生物体必不可少的矿物质也是通过食物链传递的，那么我们是否可以假定水中的毒药也会进入大自然的循环链条中呢？

答案就在加利福尼亚州清湖的一段惊人历史中揭晓。清湖位于旧金山市以北约 90 英里的山区，一直是垂钓捕鱼爱好者的必选之地。其实，这里有些名不副实，因为黑色的淤泥覆盖了浅底，湖水极其浑浊，也为小小的蚋虫提供了理想的栖息地，这一切对渔民和旅游者而言不是什么好事。虽然这种蚋虫与蚊子是近亲，但它不吸血，可能从小到大都不吃任何东西。然而，作为共享此地的邻居——人类，却不胜其扰，因为它们的数量实在过于庞大。为此，人们采取了各种措施，但效果都不甚理想。直到 20 世纪 40 年代，新式武器——氯化烃类杀虫剂出现了。作为新一轮攻击武器的首选，DDD 是一种与 DDT 关系很近的药物，但不同的是，它对鱼类的威胁相对较小。

1949 年采取的防控措施经过了周密的计划，没有人认为会有什么危害。人们先是勘测了湖水，并确定了水体的体积，杀虫剂的施用浓度是七千万分之一（约 0.014 ppm）。开始时，灭蚋的效果不错，但是到了 1954 年，人们不得不再来一遍，这次的使用浓度比例是五千万分之一（约 0.02 ppm）。当时人们都认为消灭蚋虫的运动已彻底结束。

随后冬天的几个月内，其他生物受到农药影响的迹象出现了：湖上的北美䴙䴘开始死亡，很快死亡数量上升到 100 多只。清湖鱼类众多，因此北美䴙䴘选择在此繁殖、过冬。这种鸟儿外形美丽，习性优雅，会在美国西部与加拿大的浅湖上搭建浮巢。它们在湖面划过时，总是会压低身体，洁白的脖颈和黑亮的头部高高昂起，几乎不掀一丝涟漪，因而被誉为"天鹅䴙䴘"。刚出壳的小䴙䴘身上是灰色的软毛，几个小时后，它们就进入水中，骑在父母背上，在父母的廓羽的庇护下前行。

1957 年，当地对卷土重来的蚋虫进行第三次打击后，更多的䴙䴘死去了。与 1954 年的情况一样，死鸟身上没有检测出传染病。但是，经人提议对䴙䴘脂肪组织进行分析检测后，这才发现了大量的 DDD 残留，浓度高达 1600 ppm。

DDD 投放的最大浓度不过 0.02 ppm，它怎么会在䴙䴘体内蓄积到如此惊人的浓度呢? 䴙䴘以鱼类为食，检测了清湖的鱼儿后，事情的真相开始浮出水面——最小的生物体吞食毒素，不断积累，继而传递给更大的捕食生物。浮游生物体内检测出 5 ppm 的杀虫剂（大约是水体本身杀虫剂最大浓度的 25 倍）；植食性鱼类体内的浓度是 40 ~ 300 ppm；食肉鱼类体内贮存的毒素量最大，一种褐色杜父鱼体内毒素浓度竟然高达2500 ppm。这简直就像儿歌《杰克建的房子》里唱的一样：大型食肉动物吃掉小型食肉动物，小型食肉动物吃掉食草动物，食草动物吃掉浮游生物，浮游生物又从水中吸取毒素。

之后，更加离奇的事情又出现了——刚刚使用过杀虫剂的水中没有发现DDD。但是毒素并没有消失，它只是进入了湖中生物的体内。在停用化学药剂23个月后，浮游生物体内仍含有5.3 ppm的毒素。在近两年的时间里，潮水般的浮游生物出现又退去，虽然毒素在水中不见踪影，却不知怎的，一代代地传了下去，同时存留在湖中动物体内。停药一年后，鱼、鸟及青蛙体内仍然检测出了农药残留，而且检测出的DDD含量总是超出起初水中浓度数倍之多。这些有毒的生物体中，有些是最后一次使用DDD 9个月后孵化的鱼苗，而鸊鷉以及加利福尼亚鸥体内毒素的浓度超过了2000 ppm。同时，鸊鷉繁殖群也已经大大减缩——从第一次使用杀虫剂之前的1000多对降到1960年的30对左右。虽然仅剩的30对也会筑巢繁育，但是一切都在白费力气，因为自从上一次使用DDD后，湖上再也没有出现过鸊鷉幼鸟。

整个中毒链环始于微型浮游植物，但食物链的另一端——人类，又将面临怎样的状况呢？他们可能不了解事件的经过，并且已经备好渔具，从清湖中钓了几条鱼，最后带着收获回家，享受美味去了。大剂量 DDD 或者小剂量 DDD 的累积究竟会对人类造成什么样的影响呢?

尽管加利福尼亚州公共卫生署宣称没有危害,但是 1959 年该局还是禁止了在湖水中使用 DDD。考虑到已经有科学证据证明这种药物具有巨大的生物效应,这一行动只能算是最低限度的安全措施了。DDD 的生理效应在杀虫剂中可能是独一无二的,因为它可以破坏部分肾上腺,即分泌性激素的肾上腺皮质外层细胞。早在 1948 年,人们就发现了这种破坏作用,但是起初人们认为这种危害只限于狗。因为在猴子、老鼠或者兔子身上并没有发现类似的问题。然而,DDD 在狗身上引起的症状与患有阿狄森氏病的人类症状极为相似。目前,DDD 对细胞的这种破坏力被用于治疗一种罕见的肾上腺癌症。

清湖的状况引发了一个公众必须要面对的问题:使用对生理过程影响巨大的化学物质来防治昆虫,特别是将化学药剂直接投入水体的防治措施,是否明智,又是否必要? 杀虫剂在湖泊食物链中爆炸性的进程证明,纵然是仅使用小剂量的化学药剂亦无异于饮鸩止渴。通常,为了解决一个微小的问题,却引发了不易察觉的严重问题,这种情况实际上是大量存在的,而且还在不断增加,清湖只是其中一个典型。受蚋虫困扰的人们解决了问题,却给所有从湖里获取食物或饮用水的人们带来一种心知肚明却又心照不宣的危险，而且至今都没人能说清楚这种威胁到底有多严重。

在水库中故意投放药物已经成为常态，虽然这个行为很惊人，却是事实。其目的通常是为了开展水上的娱乐项目，尽管之后需要斥巨资使之恢复其本来用途——饮用。例如，美国某地的一些渔猎爱好者希望在水库推动钓鱼这项娱乐活动，他们便说服政府在水中施用药物，以杀死不想要的鱼类，为他们喜欢的鱼铺设温床。整个过程非常怪异，像《爱丽丝梦游仙境》一样荒诞。水库的本来功能是供给公众用水，但这些渔猎爱好者很可能都没有征询当地居民的意见，就开始在水库里面投放毒物，于是居民们不得不饮用有药物残留的水，还要负担之后的净水费用——更糟糕的是净水过程并未一劳永逸，毕竟化学毒物处理起来并非易事。

由于地下水和地表水都已经受到杀虫剂和其他化学药品的污染，致癌的有毒物质正进入公共水源，成为我们当前面临的威胁。美国国家癌症研究所的休伯博士对公众发出警告："在不久的将来，饮用水污染引发癌症的风险将大大增加。"的确，荷兰早在20世纪50年代开展的一项研究也显示，污染水道可能致癌。饮用水取自河流的城市，癌症死亡率要高于水源污染较少的城市（例如井水）。自然界中存在的砷，更是被确认为致癌的罪魁祸首，在水污染引发的大量癌症事件中，砷已经两次出现了。第一次，砷是在重矿场的矿渣堆中被析出的；而另一次事件则是来自含砷量很高的天然岩石。大量使用含砷杀虫剂，会很容易令上述事件再次发生，毕竟这些地区的土壤已经受到了污染，接着雨水会把部分砷冲进河流、水库以及浩瀚的地下海洋。

此时，我们又一次得到警示：自然界中没有孤立的事物。为了更加透彻地了解身处世界所遭受的污染，我们还必须审视地球上的另一种资源——土壤。

第五章　土壤王国

覆盖在大地表面的这层薄薄的土壤，它的分布就决定着我们和陆地上其他动物的生存。没有了土壤，陆地植物就不会生长；没有了植物，动物就无法生存。

如果说我们这些以农业为基础的生命全仰仗土壤，那么土壤也同样依赖于生物的贡献。土壤的起源与其特性的保持都与动植物密切相关，因为在某种程度上，土壤是生命创造的，它产生于很久以前生物与非生物的相互作用——火山喷出的岩浆，形成炙热的熔岩；河水不断冲击着裸露在地表的岩石，其中就包括最坚硬的花岗岩；冰霜如尖锐的刻刀，凿碎了岩石……于是，土壤的母质层就这样累积起来。接着，生物开始施展自己的魔法，渐渐地，那些没有生命的物质变成了土壤。岩石的第一层外衣——地衣，它可以分泌出酸性物质，促进岩石的分解，也为其他生命提供了栖息之地。地衣的碎屑、微小昆虫的外壳、海洋动物的残骸构成了原始的土壤，而藓类也开始在其缝隙中生长。

原始生命不仅创造了土壤，还孕育了土壤中丰富多样的生物。如果不是这样，土壤将贫瘠而毫无生机。正因为生命的存在与活动，地球才会被植物覆盖，成为一颗绿意盎然的星球。

土壤不断变化着，开始了无始无终的循环。岩石的分解、有机物质的腐烂、氮和其他气体随雨水落下，都会给土壤添加新的物质。与此同时，土壤中的既有物质也在不断流失，被一些生物暂时借用。精妙而重要的化学变化时时刻刻都在进行，把来自空气和水的成分转化成适合植物吸收的有用物质。在这些变化中，生物体始终是活跃的参与者。

探索黑暗的土壤王国中生存的众多生物是件趣事，但也是最容易为人忽视的。对于土壤中有机物之间的关系，以及它们同土壤与土壤之上世界的联系，我们都了解得太少了。

土壤中最重要的生物组织或许是那些肉眼不可见的微生物——细菌和丝状的真菌。关于它们的统计数据多如天文数字。一茶匙表层土可能含有数以亿计的细菌。尽管体积微小，但在1英尺厚的1英亩肥沃土壤的表层土中，细菌的总重量可达1000磅。丝状的放线菌在数量上虽然不及细菌，但是由于体积较大，等量土壤中所含放线菌的总重量与细菌相差无几。这些菌类与被称为藻类的绿色细胞一起组成了土壤中的微生植物群。

　　细菌、真菌以及藻类是促进动植物残骸腐败分解成无机物的主要介质。如果没有这些微生植物，那么碳、氮等就不可能参与在土壤、空气和生物组织中进行的庞大循环。譬如，如果没有固氮细菌，即使处在含氮丰沛空气的包围中，植物也会因缺氮而死亡；还有一些生物可以释放二氧化碳，而二氧化碳像碳酸一样可以起到分解岩石的作用。土壤中的其他微生物也发挥着氧化和还原的作用，使一些矿物质，如铁、锰和硫等变得易于被植物吸收。

　　土壤中还存在着数量庞大的微小螨类，以及叫作弹尾虫的原始无翅昆虫。尽管体形微小，但它们在分解植物残枝、促进森林的地面杂物转化为土壤方面发挥着重要作用。其中一些微小生物的特殊能力更是让人难以置信。例如，一些螨类只在云杉掉落的针叶里才能生存，它们会隐藏在树叶里，消化掉树叶的内部组织，等到它们完成生育使命后，便只剩下一具空壳。而在处理数量惊人的落叶方面最令人瞠目结舌的当数土壤和林地中的一些小昆虫了。它们会把叶子浸软，然后再加以消化，这样一来就更加快了分解物与地表土壤的混合。

　　当然，除了这些身型微小、劳作不休的小生命外，土壤里还有许多大型生物，因为土壤生命包括了从细菌到哺乳动物的全部类型：有的永久地生活在地下世界里，有的只在生命的某一阶段藏于地下或者在那里冬眠，有的则在洞穴与地上世界任意穿梭。总之，这些土壤生物有助于土壤透气，并促进水分在植物生长层的排泄与渗透。

在形体较大的土壤生物中，蚯蚓可能是最重要的一种。大约在 75 年前，查尔斯·达尔文出版了《腐殖土的形成与蚯蚓的作用和习性观察》一书，让世人第一次了解到蚯蚓在运输土壤中发挥的地质中介作用。书中描绘了一个这样的场景：地表的岩石逐渐被蚯蚓从地下搬上来的细土所覆盖，在某些环境适宜的地方，蚯蚓每年能搬运数吨的泥土。同时，蚯蚓会把树叶和杂草中含有的大量有机物（6 个月的时间内，每平方码约有 20 磅）拖入洞穴，混入土中。达尔文的计算表明，在蚯蚓的辛勤劳作下，只需 10 年，土壤的厚度会增加 1 英寸到 1.5 英寸。而且，这绝不是它们的唯一贡献：蚯蚓在土中打洞，会让土壤疏松透气、保持良好的排水性能，并促进植物根系的生长；蚯蚓的存在还可以增强土壤细菌的硝化能力，减缓土壤的腐败；蚯蚓的消化道可以分解土壤中的有机质，其排泄物会使土壤变得更加肥沃。

这些互相交织的生命网构成了一个完整的土壤王国，每种生物都以各自的方式与其他生物相关联——生物依赖土壤，而只有当土壤中的生物生机勃勃时，土壤才能成为地球的重要组成部分。

可是，与我们息息相关的一个问题却鲜有人关注：不论是直接施放到土壤中的"杀菌剂"，还是雨水穿过树冠、果园以及农田后淋滤下来的致命污染，这些化学毒药进入土壤后，会给数量庞大且不可或缺的土壤生物带来什么影响呢？比方说，使用广谱杀虫剂对付一种破坏庄稼的昆虫幼虫，并不会杀死对于分解土壤有机质起关键作用的"益虫"，这样的假设合理吗？或者，使用一种普通杀虫剂不会杀死促进植物吸收养分的根部真菌，这可能吗？

事实上，这一至关重要的生态学课题一直被科学家所忽视，防治人员更是对此不屑一顾。对昆虫的化学防治似乎建立在这样的一种假设之上——土壤可以承受任何毒素的攻击，且不会做出反击。土壤王国本身的特质就这样被完全忽略了。

已有少量研究显示，关于杀虫剂对土壤的危害正逐渐显现。研究结果并不一致，这也不奇怪，因为土壤类型多样，给一种土壤造成破坏，也许对另一种土壤没有任何影响。再进一步说，轻质沙土遭受的破坏远比腐殖土更为严重；化学药物的混合使用要比单独使用危害更明显。尽管研究结果有所不同，但已有确凿的证据证明化学药品对土壤的危害真实存在，这足以引起科学家们的忧惧。

在某些情况下，杀虫剂的使用已严重干扰了居于生物世界核心的化学转化过程，例如硝化作用。只有经过硝化作用，大气中的氮元素才能被植物所利用，而除草剂 2,4-D 会使硝化作用暂时中断。近来，佛罗里达州的几次实验表明：林丹、七氯以及 BHC（六氯化苯）会在两周内减弱土壤中的硝化作用；使用农药一年后，BHC 和 DDT 的危害仍然存在。在其他实验中，BHC、艾氏剂、林丹、七氯以及 DDD 都会阻碍固氮菌形成豆科植物必需的根瘤，真菌与高等植物之间奇妙而有益的关系就这样遭到了严重破坏。

有时，杀虫剂还会破坏大自然保持生物群体数量的微妙平衡。当一些土壤生物由于杀虫剂的使用而数量减少时，另一些生物的数量会激增，从而破坏捕食关系。这样的变化很容易改变土壤的新陈代谢活动，从而影响其生产力。这些变化还意味着，之前受到制约的有害生物会逃脱自然的控制，呈暴发之势。

杀虫剂的特性当中，最不容忽视的一点就是漫长的土壤残留期，这个时间不是几个月，而是以年计——艾氏剂使用 4 年后依然存在，部分为少量残留，更多的会转化为狄氏剂；使用杀毒酚消除白蚁，10 年后沙质土壤中仍有残留；六氯化合物可以在土壤中至少存留 11 年；七氯或毒性更强的衍生化学物质的存留时间至少在 9 年以上；施用氯丹 12 年后，其影响依然存在，且残留量高达原施用量的 15%。

当初看似适量的杀虫剂，经过几年的时间，便会在土壤中累积到惊人的浓度。由于氯化烃的持久性，每施用一次，毒物含量都会在前一次基础上增加。如果反复喷洒，"一英亩地使用一磅DDT是无害的"这种老套说法就会变得毫无意义。经检测，种植土豆的农田中每英亩的DDT残留量高达15磅，玉米地更是高达19磅，每英亩蔓越莓湿地的DDT残留量为34.5磅。苹果园土壤里的DDT残留量最高，其DDT累积的速度与每年的施用量几乎同步。在一个种植季里喷洒农药4次或4次以上，DDT的残留会增加到30～50磅。经过多年反复喷洒后，果树间土壤中DDT的含量为每英亩26～60磅，树下土壤里的含量则高达113磅。

砷是可以让土壤永久性中毒的典型罪魁。尽管自20世纪40年代中期以来，有机合成杀虫剂取代了含砷喷剂，用于烟草植物生长期的病虫害防治。但是从1932年到1952年，美国出产的烟草砷含量已经增加了300%以上。近期的调查显示，砷含量已经达到了600%。砷毒理学领域的权威亨利·萨特利博士表示，虽然有机杀虫剂基本上取代了砷类农药，烟草植物仍吸收着以前的毒素，因为种植园的土壤里残留着高含量、不易溶解的毒素——砷酸铅，这种物质会持续释放可溶性砷。萨特利博士说，烟草种植园的土壤正遭受着"几乎永久性的污染"。地中海东部的国家没有使用含砷杀虫剂，所以那里的烟草中并没有发现砷含量的增加。

于是，我们就面临着第二个问题。我们不仅要关心土壤的情况，还要搞清楚植物从受污染的土壤中到底吸收了多少农药。这两个问题在很大程度上取决于土壤和作物的类型，以及杀虫剂的特性和浓度。有机物含量高的土壤比其他类型的土壤释放的毒素要少；与其他作物相比，胡萝卜会吸收更多的毒素，如果使用的农药是林丹的话，胡萝卜内部的毒素含量会比土壤中的浓度还要高。因此未来在种植某种作物之前，我们有必要先分析一下土壤中杀虫剂的含量。否则的话，即使那些农作物没有喷洒过农药，也会从土壤中吸收过量的毒素，变得不宜销售。

这类污染引发的问题曾给一家婴儿食品生产厂商造成了无数的麻烦，这家公司一直不愿收购喷过杀虫剂的水果和蔬菜。制造麻烦的化学品就是六氯化苯（BHC），当它被植物的根系和块茎吸收后，会让植物在气味和口感上都带有一种霉味。加利福尼亚州的一些农田曾在两年前使用过 BHC，直到今天种出的甘薯还含有农药残留，因此在这家公司面前吃了闭门羹。这家公司还曾与南卡罗来纳州签署了一份甘薯供应合同，结果却发现当地半数以上的土地都被农药污染了，公司被迫在市场上购买原料，蒙受了巨大的损失。在过去的几年里，美国很多州种植的各种水果和蔬菜都被食品公司拒绝过，其中最令人头疼的是花生问题。在美国南部的几个州，花生通常与棉花轮种，而人们常常会在棉花上喷洒大量的BHC。因此，此后种植的花生也会吸收大量的杀虫剂。实际上，只要吸收微量的BHC就会让花生变得有霉臭，而且BHC还会渗透到花生内部，完全无法消除。若是进行人工处理的话，不仅无法除掉霉味，有时候还会加重这种味道。因此，食品公司只剩下一种方法可以消除这种物质的残留——拒绝收购喷过农药的或在受污染土地里生长的农作物。

有时候，这种危害还会直接指向农作物本身，只要土壤中含有杀虫剂，这种危害就会继续存在。某些农药会影响比较敏感的植物，妨碍其根系生长或抑制幼苗的发育，如豆子、小麦、大麦或者黑麦等。华盛顿州和爱达荷州的啤酒花种植户们就经历了一次难以释怀的事件。1955年春天，大面积的啤酒花根部长满了草莓根象甲幼虫，这里的人们开展了声势浩大的治理运动。人们在农业专家和杀虫剂厂家的建议下，选择了七氯作为防治武器。然而使用七氯不到一年，喷过药的种植园里的藤蔓都枯死了，没有喷过农药的地方却安然无恙，使用过农药和未喷洒农药的地方是如此的泾渭分明。后来，人们不得不斥巨资在山坡上重新种植了啤酒花。但是到了第二年，新长出的幼芽又死掉了。4年后，这片土地上仍存在七氯的残留，而科学家也无法预测毒素还会存留多久，也没有任何好的建议来改善状况。直到1959年3月，美国联邦农业部才发现七氯并不适合用于啤酒花，并撤销了这份许可，但为时已晚。而啤酒花的种植者也只能通过诉讼的方式，想方设法地获取一些赔偿。

杀虫剂仍在使用，农药残留无法避免，它们会继续在土壤中蓄积。毫无疑问，我们正在走向某种困境——这是1960年一群专家在纽约雪城大学讨论土壤生态问题时达成的一致意见。专家们认为人类使用化学物质和放射性物质这两种"威力强大，但人们了解甚少的工具"所带来的危害是巨大的，并这样总结道："人类的几步错误就可能导致土地生产力的毁灭，最终节肢动物会接管整个地球。"

第六章　地球的绿色外衣

　　水、土壤和地球的绿色外衣——植物，共同组成的世界供养着地球上的动物。现代人很少能够记得，如果不是植物利用太阳能生产出人类赖以生存的基本食物，我们将无法生存。然而，我们对植物的态度却非常狭隘。一旦知道某种植物有任何直接的效能，我们马上就会去种植；如果我们觉得某种植物可有可无或者是多余的，它们可能马上会面临灭顶之灾。除了对人或者牲畜有害的植物和阻碍庄稼生长的植物，有些植物之所以会遭到破坏，仅仅因为我们狭隘地认为它们在错误的时间出现在了错误的地方。还有许多植物遭到毁灭的原因只是碰巧和人类想要除掉的植物长在了一起。

　　地球上的植物是生命之网的组成部分之一，其中植物与地球、植物与植物，以及植物与动物之间都存在着密切而又重要的联系。有时候，我们别无选择，不得不破坏这些关系，但是我们始终应该谨慎一些，要充分考虑到这样的行为在遥远的未来和未知的地方可能会引发的不良后果。然而，今天除草剂行业日益繁荣，却不见人们一丝审慎的态度，所有的人只顾着提升除草剂的销量，拓展其用途。

我们的盲目与轻率已经对环境造成了很大影响，美国西部地区的蒿草就是其中的一个例子。那里的人们正在进行一场声势浩大的消灭蒿草、改种牧草的战役。如果任何一地的除草业想要以史为鉴，想充分了解自然地貌的形成历史及意义，那么这个例子就是最好的参考。因为这里的环境地貌就是各种自然力量相互作用的生动体现，就像一本书摊开在我们的眼前，告诉我们这片土地上地貌形成的原因，以及为什么要保持它的完整性。但是很可惜，没有人去读这本书。

蒿草的生长地带位于美国西部高原和山脉的缓坡，几百万年前落基山脉陡然隆起而形成了这片独特的地貌。这里气候极端异常：冬季漫长，暴风雪倾泻如注，地上积雪深厚；夏天雨量稀少，酷热难当，土地龟裂，干燥的风吸干了树叶和树干里的水分。在自然演化的过程中，植物定是要经历漫长的试错，才能最终占据这片疾风肆虐的高原地带。一次又一次的失败后，终于有一种植物进化出了在此地生存所需要的全部特性，那就是蒿草。它的茎叶低矮，但蔓延无际，可以在山坡和高原上站稳脚跟；灰色的小叶子能够锁住水分，防止被干燥的烈风偷走。辽阔的西部平原成了蒿草的天下绝非偶然，这真的是大自然长期实验的结果。

与植物一样，动物们也随着这片土地苛刻的要求进化着。有两种动物像蒿草一样完美地适应了这片栖息之地。其中一种是哺乳动物——敏捷优雅的叉角羚，另一种是鸟类——艾草松鸡，它被路易斯和克拉克两位探险家称为"平原雄鸡"。

蒿草与松鸡好像是天作之合。松鸡的活动范围与蒿草的生长区域正好重合，随着蒿草生长面积的缩小，松鸡的数量也在减少。对于这片平原上的松鸡来说，蒿草就意味着一切。山麓地带的低矮蒿草是松鸡的筑巢之地，它们在这里哺育幼鸟，更茂密的地方则成为它们嬉戏和活动的场所。蒿草也是松鸡的主食，而且这也是一种双向的互惠关系。松鸡特别的求偶方式松动了蒿草下面和周围的土壤，也能促进蒿草遮蔽之下的牧草生长。

同样，叉角羚也适应了蒿草。它们是高地平原上的主要动物，当冬天初雪降临的时候，之前在山上度夏的叉角羚便向低处迁徙，那里的蒿草就变成了它们过冬的食物。当其他植物的叶子都已经凋零的时候，蒿草依然常青，灰绿色的叶子有点苦，又有着淡淡的草香，富含蛋白质、脂肪以及其他必需矿物质。尽管积雪已经很厚了，蒿草的顶部仍然露在外面，叉角羚羊用它锋利的蹄子刨两下就能找到。松鸡同样也靠蒿草过冬，它们会在裸露的、风扫过的岩架上寻找蒿草，或者聪明地跟在叉角羚后面，在其刨开积雪的地方觅食。

其他动物也指望着蒿草。黑尾鹿就经常以蒿草为食。可以说，蒿草对于冬季牧场里的食草牲畜来说意味着生存，几乎是冬季羊群的唯一食物来源。一年中有半年时光，蒿草都是羊群的主要草料，其能量比干苜蓿高许多。

在高寒地区，蒿草的紫色枝条、矫健的野生羚羊以及松鸡构成了一个完美的自然生态圈。现在呢？这种完美的状态已成为过去时，至少在那些人类正试图进行自然改造的广阔山区，情况并不是这样的。土地管理部门打着改良牧场的旗号迎合牧场主们那贪得无厌的诉求。牧场，顾名思义是草场，意味着只有牧草，没有蒿草。牧草与蒿草混合生长或者在蒿草的荫蔽之下成长是自然选择的结果，如今，人们却要清除蒿草，以创造一望无际的纯草牧场。没有人问过，在这里开发单一的草场是否稳定，是否合乎长久的需求。很明显，大自然给出的回答是否定的。在这片雨水稀少的地区，每年的降水量不足以供养优质牧草的生长，而更适合蒿草荫蔽之下的多年生野草的生长。

但是，清除蒿草的计划已经执行了很多年。一些政府机构表现得非常积极；工业部门也满怀热情地加入这项事业，因为它不仅可以拓展草种的销售市场，更能够扩大各种用于割草、犁地和播种机械的市场。化学喷剂成了此次计划的新增武器。

如今，每年有数百万英亩的蒿草被喷上了药剂。

结果如何呢？清除蒿草、种植牧草的结果基本上可以推测出来。对于深知这片土地习性的人们来说，单独种植牧草的话，其生长情况绝不如与蒿草混生的好，因为蒿草能够保持土壤中的水分。

即便这项计划取得了暂时的成功，紧密交织的生命之网已经无可挽回地被撕裂开来了。羚羊和松鸡会随着蒿草一起消失。鹿群也会一起遭罪，野生动植物的毁灭会使得这片土地变得更加贫瘠。计划中原本受益的动物也会蒙难，因为没有了蒿草、灌木以及高原上的其他植物，夏季茂密的绿草很难支撑羊群度过冬天的风暴。

这些只是最直接的、显而易见的苦果。接下来我们要面临的还有另一个问题：霰弹式的喷洒农药也会毁灭很多非预定目标的植物。美国最高法院前任大法官威廉·道格拉斯在他的最新著作《我的荒野：东至卡塔丁山》中描述了美国林业局在怀俄明州布里杰国家森林中造成生态破坏的惊人案例。由于牧民们要求更多的牧场，林业局在大约 10000 英亩的蒿草地带上喷洒了大量的除草剂。蒿草被人们如愿地消灭了。但沿着曲折小溪生长的柳树——这条绿色的生命之带也遭到了灭顶之灾。北美麋鹿生活在柳树林中，柳树对于麋鹿就像蒿草对于羚羊一样重要。海狸以前也生活在这里，它们以柳树为食，还会把树枝啃断，在小溪上建筑牢固的堤坝。经过海狸的一番努力，一个湖泊形成了。生长在山涧里的鳟鱼很少能够长到 6 英寸长，而在这片湖水中，它们竟然能长到 5 磅重。就连许多水鸟也被吸引到湖边栖息。仅仅因为柳树和依靠它们生存的海狸，这里变成了一处适合垂钓和狩猎的休闲胜地。

然而，拜林业局的"改良计划"所赐，柳树步了蒿草的后尘——被正义的农药杀死。1959 年，也就是喷洒农药的那一年，道格拉斯法官来此地参观，他被眼前那片枯萎的、垂死的柳林震惊了，这简直是"巨大的、难以置信的破坏"。麋鹿身上会发生什么？海狸和它们创造的小小世界又会怎样？一年之后，他又来到这里，在破败的景象中寻求答案。麋鹿消失了，海狸也不见了踪影。那道堤坝由于失去了技术高超的建筑师的打理而消失，湖泊的水也流尽了。大个的鳟鱼一条也不剩，因为贫瘠燥热的土地上没有一丝树荫的遮挡，仅剩下像细线一样的溪流。那个生机勃勃的世界已经不见了。

除了每年有超过 400 万英亩的牧场被喷洒农药外，为了控制杂草，其他类型的土地也可能或者已经遭受了化学药剂的喷淋。这些土地的总面积很惊人，例如有一片面积比整个新英格兰州（约 5000 万英亩）还要大的土地正处在某家公共事业公司的管理之下，这片土地上的大部分地区每年都会进行"灌木防治"。在美国西南部也有大约 7500 万英亩的牧豆树需要治理，而化学喷剂通常是最受推崇的方法。一片位置不详但极为广阔的木材产区目前正进行空中杀虫剂喷洒，为的是清除阔叶硬木林，只保留抗药性更强的针叶林。自 1949 年以来的 10 年间，施用除草剂的农田面积增加了一倍，到了 1959 年已经达到了 5300 万英亩。如果算上个人草坪、公园和高尔夫球场，那么喷洒过农药的土地面积肯定是个天文数字。

化学除草剂是一种华丽的新型工具，它们效用惊人，赋予了人类一种超越自然之上的狂喜，至于那些长期但不明显的影响，很容易被当成悲观主义者的臆想而遭到忽视。"农业工程师们"热情洋溢地鼓吹"化学开垦"，恨不得把耕地犁头也铸成农药喷雾器。成百上千个的村镇长官认真地倾听化学农药的销售人员和承包商的花言巧语，而承包商还表示，只要付出一点代价，就可以帮助村镇铲除路边的灌木，而且还声称这种方法比割草更便宜。也许购买农药的花销在官方账本里只是整洁漂亮的数据，但真正的成本除了直接的美元支出，还包括其他种种在不久以后就必须直面和承担的代价，例如，大规模的化学品广告会产生更多的巨额费用，而且农药对环境以及各种生物造成的破坏更是不可估量。

不妨以各地商业部门都看重的游客评价来打个比方。曾经美丽的路边风景受到了严重的破坏，蕨类植物、野花和浆果点缀的灌木丛不见了，取而代之的是一片枯萎、焦黄的植被，所以越来越多的人齐声反对化学除草剂的使用。新英格兰州的一位妇女曾气愤地向当地报纸投稿说："我们正在把路边风景糟蹋得肮脏、焦黄、死气沉沉，我们花费了那么多钱宣传这里的美景，这可不是游客想要看到的。"

1960 年夏天，来自各州的环保人士齐聚缅因州一座静谧的岛屿上，共同聆听全美奥杜邦协会①主席米利森特·宾汉的演讲。当天的主题是保护自然景观与从微生物到人类交织而成的生命之网。然而，所有来到岛上的人们谈论的话题却绕不开对路边风景遭到破坏的愤怒。从前，穿过常青树林散步是一种愉悦的享受，两旁长满了月桂、香蕨木、赤杨和越橘。如今只剩下一片灰色的破败。一位与会者写下了 8 月份游览缅因州的情景："回来后，我为缅因州道路两旁的破败景象感到愤怒。前些年，高速公路两旁布满了野花和漂亮的灌木，现在只剩下一片又一片的残枝败叶……从经济角度看，缅因州难道能够承受失去游客的损失吗？"

在全美范围内，以防治路旁灌木为名义的无意识破坏活动正如火如荼地进行。缅因州仅仅是其中一个例子而已，不过对

---

① 1905年成立的以鸟类学家奥杜邦的名字命名的全美鸟类保护的组织，还设立了以鸟类为主题的摄影比赛。

于我们这些喜爱缅因州风景的人们而言，这是一件令人十分痛心的事情。

康涅狄格州植物园的植物学家宣布，对美丽的灌木丛和野花的灭杀已经可以称得上是"原野危机"。杜鹃、月桂、蓝莓、蔓越莓、荚蒾、山茱萸、杨梅、香蕨、棠棣、冬青、野樱、野李子等各种植物在化学药品的火力之下已经枯萎，雏菊、黑心金光菊、野胡萝卜花、秋麒麟草以及秋紫菀也在劫难逃，这些植物曾经给这儿的风景增添了许多优雅的气质和迷人的魅力。

喷洒农药的计划不仅毫无规划，而且存在滥用的情况。在新英格兰州南部的一个小镇上，一个承包商完成了农药的喷洒工作后，就把桶里剩下的农药一股脑儿地倾倒在道路两旁，而这里并没有授权可以使用农药。路旁原来生长着美丽的紫菀和秋麒麟草，总会吸引人们远道而来观赏，然而，洒药之后，这里再也见不到花草相映、蓝金交织的美丽景色了。在新英格兰州的另一个城镇，另外一个承包商在公路管理局毫不知情的情况下，私自将喷洒农药的高度提高到 8 英尺（规定的喷洒高度为 4 英尺），结果在路边留下了一大片灰白的长条痕迹。在马萨诸塞州的一个城镇，当局从一个热情的农药商手中购买了一种除草剂，却不知道这是一种含砷药剂，在道路两旁喷洒后的苦果之一就是十几头奶牛中毒而死。

1957 年，沃特福德镇在道路两旁施用除草剂后，康涅狄格州植物园中的树木惨遭波及，即使没有直接喷洒到的大树也受到了影响。虽然正值万物生长的春天，橡树的叶子却开始卷曲枯萎。紧接着，新枝开始疯长，由于速度过快，树枝被压弯，树林呈现出一派凄凉的景象。两个季节之后，粗大的树枝全部死去，其他树枝的叶子也早已掉光，整片树林扭曲、衰败不已。

我知道有一段风景很美的路，赤杨、荚蒾、香蕨和刺柏在道路两旁形成一大片屏障，鲜艳的花朵颜色四时不同，秋天一到，成串的果实如宝石般挂在树上。这条路没有多大的交通压力，急转弯和交叉口很少有阻碍司机视线的灌木丛。然而，喷药人员来过这条路后，人们再也无法留恋这几英里的风景了，他们匆匆而过，一边忍受着这样的惨状，一边懊恼地想：自己怎么这样自以为是，找来喷药人员创造了这样一个贫瘠丑陋的世界呢？不过，偶尔也有疏漏，有些村镇的官员们可能不够坚决或有些马虎，会出人意外地留下一片美丽的绿洲。而正是有这些侥幸存活的绿洲做对比，道路两旁广阔的不毛之地愈加惨不忍睹。

那随风飘动的白色三叶草，流云一样的紫色野豌豆花，如火焰般盛开的百合花，令我心情愉悦。而对于销售和施用化学除草剂的人们而言，这些植物都是"杂草"。美国有一个关于杂草防治的会议（如今已成为一项常规制度），我在其中一本会议论文集中看到了一篇关于除草哲学的奇谈怪论。文章的作者说杀死有益的植物是正确的，并为此而辩护，称只要这些植物长在一起就有危害。他还这样形容道：那些反对消灭路边野花的人们让他想起了活体解剖的反对者，"按照他们的做法来看，一只流浪狗比孩子们的生命更神圣"。

毫无疑问，这篇文章的作者一定觉得我们的性格是扭曲的。因为我们更偏爱野豌豆、三叶草和百合花的那种转瞬即逝的美丽，却不喜欢那些路边的灌木丛和蕨类植物，因为那些灌木就像被大火烧过一样的，焦黄又极其脆弱，曾经的蕨类气宇轩昂、生机盎然，如今却变得垂头丧气、毫无生机。面对这些"杂草"，我们一再忍让，丝毫不为清除它们而感到高兴，也没有因为人类再一次战胜了邪恶的自然而狂喜，真是不可思议。

道格拉斯大法官曾提到他参加过的一次联邦农业工作会议，人们在会上讨论了本章提到的居民对蒿草喷洒农药的抗议。这些专家认为，一位老太太反对消灭野花的行为是极其可笑的。"她寻找一株萼草或者虎皮百合不正像牧场工人寻找牧草、伐木工寻找树木一样，是一种不可剥夺的权利吗？原野给予我们的美学价值与山脉中的矿藏、森林一样珍贵。"这位仁慈而有洞察力的法官反驳道。

当然，除了审美层面的价值，保护路边植被还有更多的意义。因为在自然界中，绿色植被居于十分重要的地位。乡村公路和绿化带旁的树篱为众多的鸟类提供了食物、栖身和筑巢的地方，还是很多小动物的家园。单就美国东部地区而言，路边灌木和藤蔓植物约有 70 种，其中就有 65 种是野生动物的主要食源。

这些植被还是很多野蜂和其他传粉昆虫的栖息之地。但是人类却往往意识不到这些野生传粉生物的重要性。就连农夫都很少了解野蜂的价值，因而常常加入到消灭它们的队伍中去。一些农作物和许多野生植物都依赖当地昆虫来传播花粉。为农作物传粉的野蜂多达几百种，单就苜蓿而言，就有 100 多种野蜂为它们传粉。如果没有这些昆虫，在旷野里生长的植物就会死掉，土壤的肥力就无法保持，变得贫瘠，进而对整个地区的生态环境造成深远的影响。森林和牧场中的许多野草、灌木丛和树木也要依靠当地的昆虫传粉才能繁殖。如果没有了这些植物，许多野生动物和牧场牲畜将没有食物可吃。如今，精耕法和化学品正在毁灭树篱和野草，使得传粉昆虫丧失避难之所，进而割断了生命之网的链条。

众所周知，这些昆虫对我们的农业发展和自然风景都是非常必要的，需要我们加以保护，而不是毫无顾忌地捣毁它们的栖息之地。蜜蜂和野蜂对秋麒麟草、芥菜和蒲公英等"野草"

有很强的依赖性，因为花粉可以为幼虫提供食物。在苜蓿开花之前，野豌豆花是蜜蜂必要的食物来源，帮助它们度过春荒季节。到了秋天，百花凋零，没有了其他食物来源，蜜蜂与野蜂就会依靠秋麒麟草为冬天蓄积能量。在大自然的精心安排下，柳树开花的时候，某种野蜂就会在那一天如期而至。明白这些道理的人并不少，可惜的是，这些人中并不包括那些对整个地区铺天盖地喷洒除草剂的人。

那么，那些本应该懂得保护野生动物栖息地价值的人们又去哪里了呢？他们中间很多人在替除草剂做"无害"辩护，因为他们认为除草剂对野生动物的伤害要比杀虫剂小得多，所以才得出了除草剂无害的结论。但是，当除草剂随雨水进入森林、田地、沼泽和牧场后，就会产生巨大的影响，甚至对野生动物的栖息地造成永久性破坏。从长远角度看，毁灭野生动物的家园和食物带来的后果恐怕比直接杀死它们更为糟糕。

对生长在路旁和公用地的植被进行全面化学攻击的行为有着双重的讽刺意味。喷药意在解决问题，结果却适得其反。因为已有经验表明，地毯式地施用除草剂并不能永久性地控制路边的灌木，仍需要年复一年地喷洒农药。更为讽刺的是，尽管人类已经开发出了一种非常安全的选择性喷雾法，只需一次喷洒就可以实现长期防控，也可杜绝重复施药，但是我们仍固执地采用原始的地毯式喷药法。

开展路边灌木防治的目的并不是清理掉除青草之外的所有植物，而是清除那些妨碍驾驶员视线或缠结在公路线缆上的过高植物。通常情况下，此类植物就是树木，大部分低矮的灌木植物根本构不成威胁，蕨类植物和野花更是如此。

选择性喷雾法是任职于美国自然历史博物馆的弗兰克·艾戈勒博士经过多年的潜心研究而开发出来的，那时的他兼任美国公用设施用地灌木防治建议委员会主任一职。这种方法利用了自然界的内在稳定性，因为大部分灌木植物可以抵抗乔木的入侵，相较之下，草地更容易受到树木幼苗的侵袭。因此选择性喷雾法要实现的目的并不是把路旁和公共用地变成一片整洁的草地，而是直接杀灭高大乔木，保留其他植物。这样只要喷一次药就基本足够了，如果遇到抗药性较强的植物，再追加喷洒即可。如此一来，既实现了灌丛的防治，高大乔木也不会卷土重来。所以，最高效、最经济的植被防治不是施用化学药品，而是借助其他植物的力量。

这种方法已经在美国东部很多地区进行过试验。结果显示，只要处理得当，一个地区的植被就会保持稳定，至少20年内无须再次喷药。喷药人员通常可以背着喷雾器步行完成喷洒作业，这样可以实现对用药量的完全控制；有时也可以在卡车的底盘上安装压缩泵和喷嘴，但这种方式绝不是地毯式的喷洒。这种喷药方法仅针对乔木和那些过高的、必须清除的灌木。这样既保护了整个环境的完整性，野生动物的栖息地也不会受到破坏，灌木丛、蕨类和野花构成的美景也得以保存。

目前，美国已经有一些村镇开始采用选择性喷药的方法防控杂草，但在美国的大部分地区，根深蒂固的习惯仍然难以消除，地毯式的喷洒仍在持续，每年都会浪费纳税人的大量金钱，并对生态系统造成破坏。陈旧的方法得以继续是因为真相没有大白于天下。如果纳税人知道有一种防治方法只需一代人支付一次的话，他们肯定会起来抗议，要求改变这种方法。

选择性喷药的众多优点之一就是，它可以将某一地区的农药用量降到最低，无须遮天蔽日地喷洒，只对需要清除树木的地方进行有针对性的处理即可，这样对野生动物的潜在伤害也降到了最低。

目前，使用最为广泛的除草剂是 2,4-D、2,4,5-T 以及相关的化合物。这些药物是否有毒颇具争议。在自家草坪上使用 2,4-D 的人们在接触到药剂后，有时会患上急性神经炎，甚至出现瘫痪。尽管这种案例并不常见，医学专家还是建议谨慎使用这类化学药剂。大量使用 2,4-D 还可能引发其他一些潜在的危害。实验显示，它会扰乱细胞呼吸的基本生理过程，并会像 X 射线一样破坏染色体。近来一些研究则显示，即便是远低于致死剂量的 2,4-D 及一些其他除草剂，也会对鸟类的繁殖产生不利影响。

除了直接导致中毒外，一些除草剂还会产生奇怪的间接影响。人们发现，一些野生动物和牲畜有时候会被喷洒过药剂的植物吸引，尽管这种植物不是它们天然的食物。如果使用了像含砷除草剂这样毒性较强的药剂，动物对施药植物的强烈食欲必然会导致灾难性的后果。如果碰巧植物本身有毒，或者长有棘刺和芒刺的话，一些毒性较轻的除草剂也可能造成致命后果。比如，牧场上的有毒杂草在喷洒过药剂之后突然对牲畜产生强大的吸引力，牲畜就会因沉溺于这种异常的食欲而死亡。兽医药物文献中有很多类似的例子：猪吃了喷洒过药剂的苍耳后会患上严重的疾病；羔羊因吃喷过药的蓟草而生病；荠菜开花后喷药会使蜜蜂中毒。野生樱桃本身的叶子就有很强的毒性，一旦喷洒过 2,4-D 之后，会对牛产生致命的诱惑。很明显，喷药后（或割倒后）的枯萎植物对牲畜更具吸引力。狗舌草就是一个不寻常的例子：除非在冬末春初牧草匮乏的时节，否则牲畜是不会吃这种草的。然而，在喷洒过 2,4-D 之后，牲畜就很难抵抗狗舌草的诱惑了。这种奇怪行为背后的诱因可能是化学品改变了植物体内的新陈代谢。喷过农药之后，植物体内的糖分会显著增加，对动物的吸引力也变得更加强烈。

2,4-D 的另一个奇怪的作用同样会对牲畜、野生动物和人类产生巨大的影响。10 年前的实验证明，喷洒过 2,4-D 之后，玉米和甜菜的硝酸盐成分会急剧增加。人们怀疑高粱、向日葵、紫露草、羊腿藜、红根苋、荨麻中也会发生类似的反应。牛群觅食的时候大都对这些植物视而不见，但一旦喷洒了2,4-D，牛群就会吃得津津有味。据一些农业专家讲，很多牛群的死亡可以追溯到喷过药的野草——反刍动物的生理构造特殊，硝酸盐成分的增加对它们的生命会造成很大的威胁。大多数反刍动物具有极其复杂的消化系统，它们的胃分为四个腔室。纤维素的消化是由其中一个腔室的微生物（瘤胃细菌）负责完成的。如果动物吃了硝酸盐含量异常高的植物，瘤胃内的微生物就会把硝酸盐转化为毒性很强的亚硝酸盐，随后就会发生一连串致命的连锁反应：亚硝酸盐作用于血红蛋白，产生一种褐色物质，这种物质能够与氧分子结合，并阻止其参与呼吸活动，所以氧气无法通过肺部传送到各个组织，动物会在几个小时内因缺氧而死亡。这样就能为牲畜食用经2,4-D处理的杂草而死亡的报告提供合乎逻辑的解释。一些反刍类野生动物也面临同样的危险，如鹿、羚羊、绵羊和山羊等。

　　尽管有多种因素能够造成硝酸盐的上升，如干燥的气候，但是2,4-D的广泛应用所引起的危害绝对不容忽视。这种状况已经引起了美国威斯康星大学农业实验室的重视，工作人员在1957年曾发布警告："被2,4-D杀死的植物可能含有大量的硝酸盐。"人类和动物面临同样的危险，这有助于解释近来不断发生的神秘的"粮仓死亡"事件——含有大量硝酸盐的玉米、燕麦或高粱在储藏期间会释放出有毒的一氧化氮气体，任何人进入粮仓都会受到致命的伤害。只要吸入几口一氧化氮就会引发扩散性的化学性肺炎。明尼苏达大学医学院研究过一系列类似的案例，除了一人外，其余人全部死亡。

"我们在大自然中横行无忌，就像在摆满瓷器的房间乱闯的大象"，对于杀虫剂的使用，荷兰科学家布里格这样概括道，"我认为有很多事，我们都是抱着想当然的态度。我们并不知道田地里的野草是否都有害，一些有益植物可能也存在其中。"

野草和土壤的关系如何？很少有人会注意到这个问题。即使从人类自身的狭隘利益来考虑，两者的关系也是富有意义的。正如我们所知，土壤与地下和地上的生物之间存在一种彼此依赖、互惠互利的关系。野草会从土壤中汲取某些物质，它们也会给予土壤一些东西。最近，荷兰的一座城市花园就很好地证明了这种关系。那里的玫瑰生长状况不是很好，土壤取样检测表明公园内存在严重的线虫侵染。荷兰植物保护局的科学家们并没有建议园艺工人使用化学喷剂或进行任何土壤处理，而是建议在玫瑰花丛间种上一些金盏花。毫无疑问，在一些正统人士眼里，金盏花是花坛中的杂草。实际上，金盏花的根部会分泌一种可以杀死线虫的物质。人们在一些花坛中栽种了一些金盏花，而另外一些花坛则没有种植。结果令人称奇的是，在金盏花的帮助下，玫瑰生长得十分旺盛；而对照组的玫瑰都病恹恹的，无精打采地耷拉着。如今，很多地方都开始使用金盏花来对付线虫。那些被我们无情铲除的植物，可能正以一种不为人知的类似方式，对土壤的健康发挥着重要的作用。自然植物群落（也就是目前被污蔑为"杂草"的植物群体）是指示土壤状况的重要标志。然而在使用化学除草剂的地方，它们的这种功能肯定已经丧失了。

那些试图用药物解决一切问题的人显然都忽略了一件具有科学意义的事情——保护自然植物群落。我们是如此需要这些植物，它们是衡量人类活动对自然带来改变的参照物，还能为各种昆虫和其他生物提供栖息地，以维持其原始种群（杀虫剂的抗药性正改变昆虫及其他生物的遗传物质的相关内容将在第十六章详细论述）。一位科学家甚至建议，在昆虫的基因组进一步改变之前，我们应该建立一种保护昆虫、螨类以及类似种群的"动物园"。

有些专家也发出警告，除草剂的日益广泛使用会对植被分布情况的变迁产生微妙而深远的影响。举一个例子，化学药剂2,4-D 可以杀死阔叶植被，草类失去竞争者后疯狂生长，一些野草本身甚至变成了需要控制的"杂草"，成了新的防治目标，除草防治项目又不得不重新开始。这种诡异的情况已经在最近一期的农业杂志上得到了证实："2,4-D 的广泛使用控制了阔叶植物，草类得以迅猛生长，进而成为玉米和大豆的新威胁。"

对引发花粉症的病原——豚草的防治就是一个人类企图控制自然却作茧自缚的例子。高达几千几万加仑的化学除草剂以防治豚草的名义喷洒到了路边，不幸的是，豚草不但没有减少，反而大肆蔓延。豚草是一年生植物，幼苗在开阔的土地上才能生长。所以，治理这种植物的最佳办法就是维持其周围的灌木丛、蕨类植物以及其他多年生植物的密集生长。喷洒药剂通常会破坏这些保护性植被，形成大面积的裸露空地，豚草就会见缝插针地疯狂占领这些地方。此外，空气中的花粉含量可能与路边的豚草并无关系，而是与城市地块及休耕地中的豚草有关。

马唐草专用除草剂销量的猛增是这类愚蠢除草手段的又一例证。与年复一年地使用化学品相比，还有一种更廉价、有效的方法清除马唐草，那就是创建一种竞争环境，因为马唐草在竞争中不占任何优势。马唐草只能在劣质的草地上生长，这是其生长特性，而不是一种疾病。马唐草只有在开阔的地带才能出苗，而创造肥沃的土壤，让我们需要的草类健康成长，对其而言就是一场噩梦。

然而郊区的农民采用了治标不治本的方式，年复一年地在自家的草坪上喷洒大量除草剂——他们遵照的是苗圃工人的建议，而那些苗圃工人则听信了农药厂商的花言巧语。花哨的农药产品名称让人根本看不出它们的特性，其实这些化学药剂中都含有汞、砷、氯丹等多种毒素。如果遵照建议的施用剂量喷洒，大量毒素就会残留在草坪里。例如，某种农药如果按照说明书规定的剂量进行施放，就相当于在1英亩的土地上使用60磅氯丹；如果使用的是另一种农药，则相当于在1英亩土地上喷洒175磅砷。随之发生的令人痛心的现象就是鸟类的大量死亡，这个问题将在第八章详细叙述。然而，这些毒草坪对人类的危害却尚不可知。

通过实验我们发现，在路边进行选择性喷药的成功为良性的生态防治提供了希望，农场、森林和牧场等其他植物治理项目都可以采用这类做法。这种方法不是以毁灭某一种植物为目的，而是将各种植被当作一个有机整体来管理。其他方面的一些实实在在的成就也显示了这个方法的益处。在防控多余植物方面，生物控制确已取得显著的成绩。现在困扰我们的许多问题，大自然也曾遇到过，并以自己的方式成功解决；如果聪明的人类懂得观察和模仿自然的话，也一定会取得成功。

加利福尼亚州克拉玛斯杂草的治理就是一个植物防治的出色案例。克拉玛斯草，或称山羊草，它的故乡在欧洲（在那里被称作圣约翰草），它随着移民西进的路径一道传播，并于1793年首先出现在美国宾夕法尼亚州兰开斯特市附近。到了1900年，这种草蔓延至加利福尼亚州克拉玛斯河附近，并因此得名。到了1929年，这种草已经占据了10万英亩的牧场。

到了 1952 年，已经有 250 万英亩土地遭到侵袭。

不同于蒿草这样的本土植物，克拉玛斯草在当地生态系统中没有自己的位置，其他生物也不需要它。相反，有它出现的地方，牲畜就会"满身疥疮、口角发炎，萎靡不振"，土地的价值也会随之降低。

在欧洲，克拉玛斯草从来都不是问题，因为欧洲当地有各种以之为食的昆虫，这些昆虫食量极大，从而很好地控制了克拉玛斯草的蔓延。尤其是法国南部两种豌豆大小的甲壳虫，它们拥有泛着金属光泽的外壳，而且只以克拉玛斯草为食，并只能寄生于其上才能繁衍生息。1944 年，首批以克拉玛斯草为食的两种昆虫被运送到美国，这可以算得上一次具有历史意义的事件，因为这是北美地区首次使用植食性昆虫来控制某种植物。到了 1948 年，两种甲壳虫繁殖良好，无须再进口了。甲壳虫的扩散是这样完成的：人们每年先从甲虫的繁殖地收集数百万只投放出去。在一些较小的区域，甲壳虫会自行扩散，一旦克拉玛斯草消失后，它们就开始转移，然后在另一个地方精准地安营扎寨。随着克拉玛斯草的消退，那些原本快要灭绝的牧草又渐渐恢复生长。

1959 年完成的一项为期 10 年的调查显示，克拉玛斯草的防治取得了"非常有效，甚至超越了积极倡议者预期的效果"，这种草已经减少到了原来的 1%。剩余的草已经构不成危害了，而且实际上保留它们也是必需的，因为人们还需要保持一定数量的甲壳虫，以防止克拉玛斯草死灰复燃。

杂草防治的另一个经济且高效的例子发生在澳大利亚。当年，殖民者经常会带一些植物或动物来到新的国家。大约在1787年，一位名叫亚瑟·菲利浦的船长带了各种仙人掌来到澳大利亚，用来培育制作染料的胭脂虫。其中一些仙人掌从他的花园蔓延出去，到了1925年，澳大利亚的土地上大约出现了20种野生仙人掌。在新的地方，失去了天然的控制，仙人掌得以迅速扩张，最终占据了约6000万英亩的土地。在这些土地中，至少有一半因仙人掌的密集生长而变得毫无价值。

于是，在1920年，一批澳大利亚昆虫学家前往南、北美洲，旨在研究当地仙人掌的昆虫天敌。经过对几种昆虫的反复试验，他们在1930年把30亿枚阿根廷飞蛾卵带回了澳大利亚。7年后，最后一片遭受仙人掌破坏，一度变得不宜居住的地区又可以供人定居和放牧了。整个防治行动的成本低至每英亩不到1便士，而此前实行多年但收效甚微的化学防治成本是每英亩10英镑。

以上这些例子都表明，在控制各种多余的植物时，人类可以更多地关注植食性昆虫的作用。这些昆虫可能是所有植食性动物中最挑剔的，它们有着极其严格的饮食结构，本来很容易为人类做出贡献，但牧场管理者却总是忽略这一特性。

第七章　无妄之灾

　　人类朝征服自然的目标前进，身后却留下一地疮痍，不止地球遭到了前所未有的破坏，与其共享地球的其他生物也无法幸免。人类在过去的几个世纪写下了一部黑暗的历史：美国西部平原地区大规模地屠杀水牛；职业猎人疯狂地残害海鸟；为了得到白鹭的羽毛而对其赶尽杀绝。如今，我们正为这部黑暗的历史书写新的内容，一场浩劫正在徐徐拉开帷幕：人们在土地上肆意地使用杀虫剂直接杀死了鸟类、鱼类、哺乳动物，几乎危及所有的野生动物。

　　在永无休止征服自然的生存哲学指引下，似乎没有什么可以阻挡手拿喷枪的人们。喷药战役中偶然的受害者根本不值一提，如果知更鸟、野鸡、浣熊、猫或者牲畜碰巧与害虫生活在同一区域而遭受化学农药的毒害，任何人对此都是不屑一顾的态度。

如今，那些希望给受害野生动物以公正判断的人们正深陷进退两难的境地。一方面，环保人士和很多野生动物专家断言，杀虫剂造成的破坏是极其严重的，甚至是灾难性的。另一方面，控制部门却斩钉截铁地否认伤害的发生，即使有也没什么严重的后果。那么，我们到底应该相信谁呢？

目击者的说法是最可信、最重要的。从事野外研究的野生动物学家最有可能发现且最有资格解释野生动物所受到的伤害。由于昆虫学家专注于昆虫研究，囿于所学专业的限制，打心里不愿承认昆虫防治计划有什么不良后果。州政府和联邦政府防治专家，当然还有化学农药生产商，他们一直否认生物学家的报告，并声称没有任何证据表明化学农药对野生动物造成了伤害。这些人选择无视事实，即使我们可以做到宽宏大量，将他们的否认态度归咎于专家的短视和私利作祟，也并不意味着我们要将他们看作合格的目击者。

做出判断的最佳方法就是认真审视几个大型的防治项目，并向熟悉野生动物习性且对化学药品持公正态度的观察者请教经验，搞清楚当如雨般的毒药从空中洒向野生动物的世界后究竟发生了什么。

对鸟类观察者、以赏鸟为乐的郊区居民、猎人、渔民或荒野探险者来说，任何对野生动植物的破坏，即使只有一年，也等于剥夺了他们享受快乐的合法权利。这个观点是完全合乎情理的。即使有的时候，某些鸟类、哺乳动物、鱼类在一次喷药后能够恢复过来，但严重的伤害也已经存在。而且，类似这样的种群恢复的可能性是极小的。因为喷药通常是重复进行的，哪怕野生动物只接触药剂一次，恢复的机会也很渺茫。大多数情况下结果往往是这样的：一片有毒的环境、一个致命的陷阱，不仅原本生存在这里的动物深受其害，新迁来的外来生物也不能置身其外。喷药的面积越大，造成的伤害也就越大，因为安全绿洲已经不复存在。过去 10 年里，美国进行了大量的昆虫防治项目，喷洒农药的面积高达几千乃至几百万英亩，私人和村镇施用农药的剂量也在激增，美国野生动物的受损和死亡记录也在不断刷新。让我们来了解一下这些防治项目，看看之后发生了些什么。

1959 年秋天，美国密歇根州东南部包括底特律市郊区在内的约 2.7 万英亩的土地都被喷撒自空中的艾氏剂颗粒覆盖着。艾氏剂是所有氯化烃化合物中最危险的。这项计划由密歇根州和美国农业部联合执行，目的是防治日本丽金龟。

然而实际上并没有必要进行如此猛烈而危险的行动。美国著名的博物学家沃特·尼克尔一生的大部分时间都在田野里度过，而且每年夏天都会在密歇根南部待很长时间。他说："30多年以来，以我的直接经验看，日本丽金龟在底特律市的数量很少，从未出现明显的增加。1959 年，除了当地政府放置的粘虫卡逮住了几只之外，我没见过一只日本丽金龟……我不知道日本丽金龟的数量是怎样增加的，一切似乎都在秘密进行，我无法获得任何信息。"州政府的官方部门则宣称，日本丽金龟已经大量出现在原定施放空中农药的区域。尽管这则消息并不令人信服，防治项目还是如火如荼地开展起来了。密歇根州政府提供人力，并监管计划的执行，联邦政府提供设备和补充人员，杀虫剂的费用则由各个村镇均摊。

日本丽金龟被引进美国是一个意外。1916 年，日本丽金龟首次出现在新泽西州，当时人们在里弗顿市附近的一个苗圃里发现了浑身绿莹莹的甲虫。起初，人们并不认识这些虫子，后来才确认它们是来自日本岛的常见昆虫。很明显，它们是在1912 年实行限制条例之前，随着苗木进口而被带到美国的。

从进入美国起，日本丽金龟就开始在密西西比河以东的各州扩散开来，因为那里的温度和降雨很适合其生存。日本丽金龟每年都会向新的领地扩张。在日本丽金龟长期盘踞的东部地区，人们尝试了自然防治的措施。诸多记录表明，在采取了自然防控措施的地区，日本丽金龟的数量被控制在比较低的水平。

尽管东部地区拥有合理的防治经验，但处于日本丽金龟扩散范围边缘、只能算是轻度危害的中西部各州却动用了毒性最强的化学药物，对这种危害平平的昆虫发起最为致命的打击，致使无数的人、家畜以及野生动物都暴露在剧毒农药之下。结果，这些灭杀日本丽金龟的计划导致了大量动物死亡，并使人类不得不面临不可否认的危险。以防治甲虫为名，密歇根州、肯塔基州、艾奥瓦州、印第安纳州、伊利诺伊州以及密苏里州的诸多地区都经历过一场场化学毒雨的洗礼。

密歇根州的喷药行动是美国第一次针对日本丽金龟开展的大规模空中打击。之所以选择艾氏剂这种最致命的化学药剂，不是因为它的杀伤力大、效果好，而是出于成本的考虑。虽然州政府在透露给媒体的官方消息中承认艾氏剂是一种"毒药"，但却又暗示在人口稠密的地区使用这种药剂并不会造成危害。（对于"我们应该采取哪些预防措施"的这类疑问，官方的答复是"对你来说，什么措施都用不着"。）后来，当地媒体还引用了联邦航空局一名官员的话："这是一次安全的行动。"底特律公园与娱乐管理部的一名代表也附和道："药粉对人类无害，也不会伤害植物或者你的宠物。"对此，所有的人都在怀疑这些官员根本就没有查阅过美国公共卫生局、鱼类及野生动物管理局公开发表的现成报告，也没有查阅过其他关于艾氏剂含有剧毒的资料。

密歇根州害虫防治法允许该州政府无须通知或取得土地所有者的允许，便可以进行施药，所以飞机很快就开始在底特律市上空开展低空作业。紧接着，市政府和联邦航空局的电话被忧心忡忡的市民打爆。据底特律市新闻报道，地方警察在一个小时内接到近 800 个电话后，决定向电台、电视和新闻报纸求助，期望它们"告知市民他们所见事情的真相，而且强调说这是一次安全的行动"。联邦航空局的安全官员向公众保证："飞机会受到严密监控，也已得到低空授权。"他还做了一些错误的尝试来安抚公众的恐慌，补充说飞机上有安全阀门，可以瞬间丢弃所有的载荷。所幸，这样的事情并没有发生。然而，飞机在作业的时候，杀虫剂粉末不仅落在日本丽金龟身上，也落在人们身上。"无害的"毒粉砸在购物和上班的人们身上，也落在午餐时间走出校门的孩子们身上。家庭主妇们忙着把自家门廊和过道上的颗粒清扫出去，据她们说，这些地方就像刚刚下了一场雪。后来，密歇根州奥杜邦协会指出："在屋顶瓦缝里，在檐沟里，在树皮和树枝的裂缝里，落满了数百万粒针头大小的艾氏剂与黏土混合的白色颗粒……一旦遇到下雨或者下雪天气，每个小水坑都会变得致命。"

喷药行动仅仅过去几天，底特律市奥杜邦协会便开始接到关于鸟类的求助电话。据协会秘书长安妮·鲍伊尔夫人讲："在星期天的早上，我接到了第一个有关鸟类的电话，电话另一头的妇女说她在教堂回家的路上看到许多已经死亡和濒临死亡的小鸟，数量触目惊心，这说明人们开始担心喷药的后果了。喷药是在星期四完成的。那个妇女说，附近的地方都不见鸟儿飞翔了，她还在自家的后院里发现了至少12只小鸟的尸体，她的邻居还发现了死去的松鼠。"那天，鲍伊尔夫人接到的所有电话都在报告："大量死亡的小鸟，没有一只还活着……家里有饲鸟架的人说一只鸟儿也没来。"被发现的垂死鸟儿大多表现出了典型的杀虫剂中毒症状：颤抖、麻痹、抽搐，无法飞翔。

受到直接影响的动物不只是鸟类。一位当地的兽医说，他的诊室里全是给小狗、小猫看病的人。小猫会非常细致地舔自己的爪子，梳理头部的毛，所以病情也最严重。它们的症状是严重腹泻、呕吐和抽搐。兽医能给出的建议无非是尽量让小猫待在屋里，如果出去的话，回来后要立即清洗它们的爪子。（就连蔬菜和水果上的氯化烃都清洗不掉，估计这种措施起不到任何保护作用。）

尽管城镇的卫生专员极力否认，坚称鸟儿是被"其他喷剂"杀害的，人们接触艾氏剂后引起的喉咙和胸腔过敏一定也是由"别的物质"造成的，当地卫生部门却源源不断地遭到投诉。底特律市一名著名的内科医生在一小时内就被请去治疗四名病人，他们都是在观看飞机喷药时接触了药剂。所有的人都表现出相同的症状：恶心、呕吐、发烧发冷、极度疲乏、咳嗽。

使用化学药剂对付日本丽金龟的呼声不断升高，使得底特律市的防治经历在其他地方反复上演。在伊利诺伊州的蓝岛市，人们发现了几百只已经死亡和奄奄一息的鸟儿。1959 年，伊利诺伊州朱利叶市大约有 3000 英亩土地经过七氯处理。据当地一家狩猎俱乐部的报告，受治理区域内的鸟类"几乎死光了"。兔子、麝鼠、负鼠和鱼类也大量死亡，一所当地学校甚至将收集中毒而死的鸟类作为一个科研项目。

为了消灭日本丽金龟，伊利诺伊州东部的谢尔顿市和相邻的易洛魁县付出了沉重的代价。1954 年，美国农业部联合伊利诺伊州农业局沿日本丽金龟入侵该州的路线开展清除活动，他们对高密度的喷洒办法充满信心。第一次"清剿运动"就在当年发生了，1400 英亩的土地被喷洒了狄氏剂。1955 年，另外 2600 英亩的土地采取了同样的处理办法。人们原以为喷洒任务已经完成，然而，越来越多的地区开始要求进行化学防治，截至 1961 年年末，大约有 131000 英亩土地进行了化学杀虫。

然而，在喷洒化学药剂的最初几年，就出现了很多野生动物和家畜死亡的情况。尽管如此，在没有与美国鱼类及野生动植物管理局或伊利诺伊州狩猎管理部门协商的情况下，化学治理还在继续进行。（甚至在 1960 年春天，联邦农业部的官员在一次国会会议上对一项要求"施药前必须提前协商"的法案做出了公开反对。他们委婉地表示，这项法案没有必要，因为合作和协商是"经常性的",而"联邦层面"的合作从来没发生过。在当天的听证会上,他们也明确表示不愿意与州渔业和狩猎管理部门协商。)

化学防治的资金总是源源不断,但伊利诺伊州自然历史调查所的生物学家在研究化学防治对野生动物造成伤害的课题时却捉襟见肘。1954年,他们只有1100美元用于雇用一名野外助手,1955年时则没有任何专门资金。尽管困难重重,生物学家们还是搜集了很多证据,进而描绘出了野生动物遭受毁灭的悲惨画面——这种毁灭往往在化学防治项目刚开始执行时就已经很明显了。

食虫鸟类的中毒程度不仅取决于所用药剂的特性,还与农药引致的一系列连锁反应有关。在谢尔顿市早期防治计划中,每英亩土地需施用3磅狄氏剂。但是,鹌鹑实验已经证明狄氏剂的毒性大约是DDT的50倍。因此,谢尔顿市的每英亩土地相当于承受了大约150磅DDT!而且这还是最小值,因为在农田的边沿和角落里,人们会重复喷洒农药。

化学药剂渗入土壤后,中毒的日本丽金龟幼虫会爬出地面,继续存活一段时间,鸟儿们就这样被吸引而来。完成喷药两周后,各种死亡和垂死的昆虫开始出现,鸟群将受到怎样的影响显而易见。褐色长尾鲨鸟、椋鸟、百灵鸟、白头翁和野鸡几乎被消灭殆尽。根据生物学家的报告,知更鸟几乎"全军覆没"。一场细雨过后，死掉的蚯蚓随处可见，知更鸟可能是吃了有毒蚯蚓而死的。其他鸟儿的命运也是一样，曾经的甘霖变成了一种致命的毒药，其原因就是化学药剂的邪恶力量。喷药后，喝过水洼里的水或者在里面洗过澡的鸟儿都死去了，无一幸免。

幸存的鸟儿也失去了繁育能力。尽管消杀过的地区仍存在鸟巢，少数几个鸟巢中也有鸟蛋，但是不会再有小鸟孵出来。

至于哺乳动物，地松鼠已经灭绝，其尸体是中毒暴毙的状态。喷药地区也发现了麝鼠的尸体，田野里出现了死兔子。这个地区常见的动物狐松鼠，在喷药之后，人们再也难觅它们的身影了。

对日本丽金龟宣战后，在谢尔顿地区的田野里要是能发现一只猫就算是上帝的恩赐了。在实施喷洒计划的第一个季节之中，90%的猫都已成了狄氏剂的受害者。由于别的施药地区已经出现了悲惨的先例，所以人们是有心理准备的。猫对所有的杀虫剂都极为敏感，尤其是对狄氏剂。在爪哇岛西部，由世界卫生组织开展的抗疟计划中，很多猫都死掉了。由于爪哇岛中部猫死得也非常多，以至于猫的价格翻了一倍还多。同样，世界卫生组织在委内瑞拉展开喷药行动后，那里的猫也同样成了珍稀动物。

在谢尔顿地区，杀虫运动的受害者不仅是野生动物和宠物。通过观察，人们发现一些羊群和牛群都有出现中毒和死亡的现象。自然历史调查所对其中一起事件进行了如下报告：

穿过一条砾石路，羊群被赶到了一块很小的、未经喷药的蓝草牧场，因为原来的农田在5月6日喷过了狄氏剂。很明显，一些飞沫已经穿过马路侵袭了这片牧场，因为羊群立刻出现了中毒的症状……它们不想吃草，显得烦躁不安，沿着牧场栅栏转来转去，想要找到出口……它们不愿意受到驱赶，不停地咩咩叫着，头也耷拉着；最后，它们被带离了牧场……羊群表现得极度嗜水。在小溪旁时，有两只羊已经死了，剩下的羊被反复赶离溪水边，还有一些羊是被硬生生拽走的。最终有3只羊死亡，其余的都慢慢恢复过来了。

这是1955年年末的情况。尽管在随后的几年中，化学战仍在持续，但是研究其危害的经费却被掐断了。自然历史调查所每一年都将野生动物与杀虫剂的研究经费列入向伊利诺伊州立法机构提交的年度预算中，而这项申请总是最先被砍掉。直到1960年，一位野外助手的工资才发到手，而他付出的劳动是一个普通人工作量的4倍。

此项研究在1955年已经完全中断，当生物学家们重新开始的时候，野生动物的灾难仍在继续。与此同时，化学药剂也已换成了毒性更强的艾氏剂，鹌鹑实验证明它的毒性是DDT的100～300倍。到了1960年，在这一地区生活的哺乳类动物均受到不同程度的伤害，鸟类的情况更加糟糕，在唐纳文镇，褐色长尾鲨鸟、椋鸟、白头翁早已不见踪影，知更鸟也灭绝了。在其他地方，所有鸟类的数量也在急剧减少。捕猎野鸡的猎手最能感受到这场屠虫大战的影响。在喷洒过农药的地方，鸟窝的数量减少了一半左右，而孵出小鸟的数量也急剧减少。在前几年，这个地方是不可多得的捕猎野鸡的好去处，如今由于没有野鸡出没，已经变得无人问津了。

打着消灭日本丽金龟的旗号，一场浩劫却席卷而来。8年的时间里，易洛魁县超过10万英亩的土地经过化学处理，结果发现对于这种昆虫的抑制只是暂时的，丽金龟仍在向西扩张。这个效果低下的治理项目造成的损失恐怕永远无法计算出来，因为伊利诺伊州生物学家给出的调查数据仅仅是一个最小值。如果有充足的经费来开展全面调查的话，结果可能会更加骇人听闻。在项目实施的8年里，用于生物学家进行实地研究的经费仅有6000美元。然而实际上，联邦政府在防治项目中拨款高达37.5万美元，州政府也投入了几千美元。这样算下来，生物学家们的研究经费仅占全部经费的1%。

美国中西部地区的这些防控项目都是在一种恐慌的情绪下开展的，好像日本丽金龟的扩张造成了极端的威胁，为了对付它们可以不择手段。这显然是对事实的曲解，这些遭受化学药剂侵害的人们，如果了解日本丽金龟进入美国的早期历史，他们就不会对这样过度的防控手段保持缄默了。

美国东部各州的运气很好，日本丽金龟入侵是在合成杀虫剂发明之前。那里的人们不仅成功地控制了它的数量，采用的方法对其他生物还不会构成威胁。与底特律和谢尔顿的喷药方法相比，东部地区可以说是聪明而幸运的，当地人们使用的一些方法充分地发挥了自然的力量，效果显著而持久，而且不会对环境造成破坏。

日本丽金龟在进入美国最初的十几年中，失去了原生地的制约，其数量增长迅猛。但是到了1945年，在日本丽金龟蔓延的地方，它们已构不成什么危害。其中的原因有两个：从远东引进的一种寄生性昆虫成了日本丽金龟的克星；某些对日本丽金龟致病的病原体逐渐繁衍。

从1920年到1933年，科学家经过详尽的调查在东亚本土找到了34种捕食性或者寄生性昆虫，用来实现对日本丽金龟的自然控制。在这些昆虫中，有5种在美国东部很好地生存了下来。其中效果最好、分布最广的是来自朝鲜和中国的一种寄生性黄蜂——臀钩土蜂。雌蜂在土壤中找到日本丽金龟的幼虫后，会将一种液体注入其幼体内，使其麻痹，然后把一枚卵放入幼虫的表皮之下。蜂卵孵化后的幼虫会慢慢吃掉已经麻痹的日本丽金龟幼虫。在大约 25 年的时间里，各州政府与联邦机构共同合作，在东部的 14 个州引进了这种黄蜂。它们在这片区域扎根，在控制日本丽金龟方面的贡献也得到了昆虫学家们的认可。

此外，一种细菌性病害在抑制日本丽金龟入侵方面发挥了更为重要的作用，甚至可以影响日本丽金龟所属的整个金龟子科昆虫。这种病害非常特殊，不会攻击其他昆虫，对蚯蚓、温血动物和植物都没有伤害。这种细菌的芽孢生长在土壤中，当被日本丽金龟幼虫吞食后，它会在幼虫的血液里迅速繁殖，使其呈现出异常的白色，因此这种病被称为"乳状病"。

乳状病是 1933 年在新泽西州被发现的。到了 1938 年，乳状病在日本丽金龟较早侵袭的地区已经非常普遍了。为了加速扩散这种疾病，政府在 1939 年开展了一项防控项目。当时并没有发明扩散病原体的人造媒介，但是人们找到了一种很有效的替代方法：把受感染的日本丽金龟幼虫碾碎、晾干，然后与白垩混合。按照标准，每克混合物中含有 1 亿孢子。美国联邦政府与州政府从 1939 年到 1953 年联合开展了一个防控项目，东部的 14 个州约有 9.4 万英亩的土地得到了处理，属于联邦政府的其他土地也得到了处理，另外，各组织和个人也在广大的区域上自行进行了处理。到了 1945 年，乳状病已经在康涅狄格州、纽约州、新泽西州、特拉华州以及马里兰州扩散开来。在一些实验地区，幼虫的感染率高达 94%。1953 年，政府组织的扩散计划结束，转而由私人实验室接管，以便继续供给个人、园艺俱乐部、市民协会以及所有其他需要防治日本丽金龟的人们。

东部地区通过开展这一防控项目，实现了对日本丽金龟的自然控制。乳状菌可以在土壤中存活很多年，控制效果极为稳定，并可以通过自然媒介继续传播。既然在东部有如此成功的经验，为什么伊利诺伊州以及其他中西部地区不尝试同样的方法，而是选择对日本丽金龟疯狂地发动化学战争呢？

有人说，用乳状菌芽孢的防控方法"太昂贵"，但在 20 世纪 40 年代的东部 14 个州却没人这么认为。到底是通过怎样的计算方法得出"太昂贵"的结论呢？这个判断显然没有计入谢尔顿市喷洒农药造成的巨大损失，而且还忽略了一个事实——孢子只需接种一次，便可以毕其功于一役。

也有人说，乳状菌芽孢不能在日本丽金龟分布区的边缘地带使用，因为它们只能在日本丽金龟幼虫丰富的土壤中才能生存。跟其他支持喷药的言论一样，这种观点同样值得怀疑。引起乳状病的病原体可以感染至少 40 种甲虫，这些甲虫分布范围十分广泛，即使在日本丽金龟很少或者根本没有的地方，该病原体也能保证乳状病的传播。此外，由于芽孢能够在土壤中存活很长时间，即使在没有日本丽金龟的区域，也可以像日本丽金龟入侵地区的边缘地带一样预先撒播，静候它们的光临。

那些不惜一切代价、希望立竿见影的人们一定会继续使用化学药剂来对付日本丽金龟。那群喜欢现代快速消费模式的人也会抱有一样的想法，因为化学防治永续不断，需要重复喷洒，高额的利润就这样从中产生了。

另一方面，那些希望得到圆满结果的人则愿意等上一两个季节，所以他们会选择乳状病防治法。他们得到的回报必然是长久的，而且随着时间的推移，控制的效果会越来越好。

美国农业部在伊利诺伊州皮奥瑞亚市的实验室正在进行一项广泛的研究，希望找到人工培育乳状病病原体的方法。这将极大地减少成本，促进这项防控技术的广泛应用。经过多年努力，一些成果已不断问世。一旦这种"突破"得以实现，我们对日本丽金龟的防治就可能重拾一些心智和远见，人们也就会意识到，之前在中西部进行的灭虫行动所造成的浩劫简直就是一场噩梦……

伊利诺伊州东部的化学农药喷洒事件所引发的问题，不仅属于科学层面，而且还关乎道德。是否有一种文明在为了自身利益对其他生命任意发动战争后，而不丧失其文明的资格呢？这些杀虫剂的毒性不具有选择性，它们不会精心挑选出我们要打击的那一类生物，选用杀虫剂的原因只是因为它们是致命的毒药。因此，它们会杀死所有接触到的生物：主人心爱的小猫、农民饲养的牛、田野里的兔子，以及空中飞翔的云雀。这些动物对人类并不构成任何危害，实际上，它们的存在给人类带来了很多乐趣。然而，人类回报给它们的是突然的、惊惧的死亡。谢尔顿市的一位科学观察员对一只垂死的野云雀作了如下描述："它斜躺在一边，尽管其肌肉失去了协调能力，它飞不起来，也难以站立，但它仍然扑棱着翅膀，爪子也挣扎着试图抓住什么东西。它的嘴张着，呼吸显得特别吃力。"已经死去的地松鼠做出了更加可怜的无声控诉，它们呈现出的"死亡状态非常特别。背部深深地弯曲着，两只前爪紧紧抱在一起，努力伸向胸前……头和脖子向外伸着，嘴里大多咬着泥土，说明它们死亡前曾啃咬过地面"。

对于给其他生物造成极大痛苦的这种行径，我们居然还在保持沉默。作为人类，我们当中还有谁不会因此而羞愧呢？

第八章　消失的歌声

如今，美国越来越多的地区已经看不到鸟儿来报春了；从前清晨都能听到鸟儿美妙的啭鸣，现在周围一片死寂。鸟儿的歌声突然消失了，连同给我们带来的色彩、美感和乐趣也悄无声息地不见了，那些未受影响的村镇对此一无所知。

伊利诺伊州辛斯戴尔镇的一位家庭主妇绝望地给一名世界著名的鸟类学家、美国自然历史博物馆鸟类馆名誉馆长罗伯特·墨菲写了一封信。她在信中说道：

我们的村子里最近几年一直在给榆树喷药（她写于1958年）。6年前我们搬到了这里，那时候鸟类多种多样，我安装了一个饲鸟架。每年冬天，红雀、山雀、绒毛鸟、五子雀都会陆陆续续地飞来觅食。夏天的时候，红雀和山雀会把幼鸟带来。喷洒了几年DDT之后，镇上的知更鸟和椋鸟已经消失了；山雀两年来再也没有光顾过我家的饲鸟架；今年红雀也不见了；在附近筑巢安家的鸟类好像只剩下了一对鸽子，可能还有一窝猫鹊。

联邦政府为了对付火蚁，开展了大规模的喷药计划。一年后，亚拉巴马州的一位妇女写道：

我们这个地方在过去的半个世纪里一直是名副其实的鸟类乐园，去年7月份我们还在议论，"今年的鸟儿比以前来得更多了"。突然，在8月的第二个星期，它们全部不见了。最近，我心爱的一匹马刚刚产下了一个小马驹。我习惯早起照料它们，但却听不到一声鸟鸣。这种情况既怪异又让人害怕。人们对我们美丽至极的世界做了些什么？直到5个月之后，我才终于见到了一只冠蓝鸦和一只鹪鹩。

在她提到的那个秋天里，美国南部地区也发布了一些严峻的环境报告。全美奥杜邦协会与美国鱼类及野生动植物管理局共同出版的季刊《野外瞭望》中提到，在密西西比、路易斯安那和亚拉巴马三个州出现了"鸟类全部消失的奇怪现象"。《野外瞭望》杂志收录的报告均来自富有经验的观察家。他们在当地生活多年，深谙当地鸟类的习性。其中一位观察家报告说，他在密西西比州南部开车行驶了很长的一段路程，连一只鸟也没看见。另一位来自巴吞鲁日市的观察员说，她的喂食器已经有好几个星期没有鸟儿来过了，以前这个时候，院子里灌木丛的果实早就被啄食干净了，可是现在灌木上的浆果满满当当的。还有一位观察者提到，他家的落地窗前通常会遍布着四五十只红雀，还有其他的各种鸟儿，现在能见到一两只都很难了。西弗吉尼亚大学的莫里斯·布鲁克斯教授是阿巴拉契亚地区的鸟类专家，他的报告中提到，西弗吉尼亚地区的鸟类种群"锐减的速度令人难以置信"。

下面一个故事可以作为鸟类悲惨命运的象征——这种厄运已经降临到有些鸟儿身上，而其他的鸟儿也面临这样的危险。这就是大家所熟知的知更鸟的故事。对于千百万的美国人来说，第一只知更鸟的到来意味着冬天的牢笼被打破。知更鸟的造访总是会登上报纸的版面，也会成为人们早餐时间津津乐道的话题。知更鸟不断飞来，森林里也萌发了丝丝绿意。在清晨的阳光下，无数的人在聆听第一首知更鸟的合唱，美妙的音符在明媚的阳光下翩翩起舞。但是现在一切都变了，就连鸟儿的光临也成了奢望。

知更鸟和其他鸟类的命运与榆树是紧密相连的。从大西洋沿岸到落基山山脉，榆树默默见证了成千上万个美国城镇的历史，它们浓密的枝叶撑起了雄伟的绿色拱廊，给无数的街道、广场和校园增添了十足的魅力。可是，现在一种疾病横扫了所有的榆树，很多专家都认为这种疾病过于严重，榆树已经无药可救了。失去榆树已经足以令人心痛，如果拯救行动也功亏一篑，又把大部分鸟类扔进覆灭的黑夜之中的话，后果会更加悲惨。然而，这就是正在发生的事情。

所谓的荷兰榆树病发生在 1930 年前后，那时候美国装潢业需要从欧洲进口榆木木材，这种真菌性疾病就是从那时被带入美国的。这种微生物会侵入榆树的输水导管系统中，孢子通过树液的流动进行扩散，真菌分泌的有毒物质加上真菌本身对树木脉络的阻塞作用会使树枝枯萎，直至树木死亡。这种疾病通过榆树皮甲虫从病树扩散到健康的树。这种甲虫会在死去的榆树皮下开凿通道，通道里真菌孢子满满当当的，孢子会附在甲虫身上，甲虫飞到哪儿，就会把疾病带到哪儿。控制这种疾病的主要方法一直是控制传播媒介——甲虫。于是在很多地方，尤其是美国中西部和新英格兰地区这些榆树集中的地方，人们开展了高强度的喷药行动。

这种喷药行动对鸟类，尤其是对知更鸟的影响，最先由两位鸟类学家揭示，他们分别是密歇根州立大学乔治·华莱士教授和他的学生约翰·麦纳。1954 年，麦纳开始攻读博士学位，他选择了与知更鸟相关的研究课题。这也许是个巧合，因为那时候没有人认为知更鸟正面临危险。但是，就在他开始进行研究的时候，可怕的事情发生了。这件事不仅改变了他课题的性质，甚至剥夺了他的研究对象。

1954 年，针对荷兰榆树病的喷药行动开始时仅在大学校园内小范围进行。到了第二年，东兰辛市（这所大学的所在地）也加入了行动，校园喷药范围开始扩展。由于当地针对舞毒蛾和蚊子的防治计划也在进行，于是化学药剂从烟雾蒙蒙演变成了倾盆大雨。

1954 年，也就是第一次轻度喷洒农药的那一年，一切似乎都很正常。第二年春天，知更鸟像往常一样飞回了校园。像汤姆林森的著名散文《失落的森林》里的蓝铃花一样，知更鸟回到了自己熟悉的地方，它们"没有预感到会发生不幸"。但是很快，问题就出现了。校园里的知更鸟不是已经死亡，就是奄奄一息。在它们以前觅食和栖息的地方，见不到一只鸟。没有新建的鸟巢，也没有小鸟出生。在接下来的几个春天，情况还是一样。喷药的地方已经变成了死亡陷阱，每一拨迁徙至此的知更鸟在一周内就会被赶尽杀绝。归来的鸟儿越多，在这里痛苦地死去的鸟儿尸体就越多。

华莱士教授说："对于想在春天里筑巢的那些鸟儿来说，校园已经变成了它们的墓地。"但是，为什么会这样呢？起初，他怀疑是鸟儿的神经系统出了毛病，但是真相很快就水落石出了，知更鸟是因为杀虫剂中毒而死的，一切并不是像喷药人员保证的那样"对鸟类无害"。鸟儿们中毒后的典型症状就是失去平衡,颤抖,抽搐,最终死亡。

一些事实表明,知更鸟中毒并不是因为与杀虫剂直接接触,而是因为吃了蚯蚓。在一项研究中,一些小龙虾无意中吃了蚯蚓,很快就全部死掉了;实验室的一条蛇吃了蚯蚓后,就会立刻剧烈地颤抖起来……要知道,蚯蚓是知更鸟在春天的主要食物。

很快,位于厄巴纳市的自然历史调查所的罗伊·巴克博士就补全了知更鸟死亡迷局的一块关键拼图。巴克博士的著作于1958年出版,该书追溯到了整个事件中错综复杂的各个环节,得出的结论是知更鸟的命运通过蚯蚓与榆树相联。榆树在春天被喷洒了农药(通常剂量是50英尺高的一棵树使用2~5磅DDT,相当于在榆树密集的地方,每英亩施用23磅),在7月份,人们通常会以一半的剂量再喷一次。强力喷枪给所有的高大树木均匀地喷上了农药,不仅杀死了预定目标——树皮甲虫,还杀死了传粉昆虫、捕食的蜘蛛和甲虫等昆虫。毒素紧紧粘在叶子和树皮上,雨水也冲刷不掉。秋天,树叶落在地上,积成湿湿的几层,并开始与土壤慢慢结合。在整个过程中,勤劳的蚯蚓帮了大忙,它们以残叶为食,而榆树叶是它们喜爱的食物之一。蚯蚓在吃树叶的同时,也吃下了杀虫剂,并在体内不断累积、浓缩。巴克博士在蚯蚓的消化道、血管、神经和体壁中都发现了 DDT。毫无疑问，一些蚯蚓因中毒而死，但是幸存的就变成了毒素的"生物放大器"。春天，知更鸟飞回来了，整个循环中就又增加了一环。11 只较大的蚯蚓体内就含有足以毒死一只知更鸟的 DDT。一只鸟在十几分钟之内就可以吃掉 10 ~ 12 条蚯蚓，然后 11 条蚯蚓只是知更鸟一天食量中的一小部分。

当然，并不是所有的知更鸟都摄入了致命的剂量，但是摄入农药的另一个后果也会导致它们的灭绝。生殖能力受损的阴影笼罩了所有被研究的鸟类，事实上，在化学农药所及范围之内，所有生物都无法逃脱。如今在密歇根州立大学 185 英亩的土地上，每年春天只有二三十只知更鸟，而在喷药之前，保守估计也有 370 只左右。1954 年，麦纳观察到的知更鸟都会产下鸟蛋。到了 1957 年 6 月末，校园里应该至少有 370 只幼鸟在觅食（与成鸟的数量相对应），然而麦纳只发现了一只。一年后，华莱士教授提出："1958 年的春天和夏天，我在校园里没看见一只幼鸟，而且截至目前，也没有听说别人发现过。"

当然，幼鸟未能出生的部分原因是在筑巢完成之前，一对或者更多的知更鸟就已经死了。但是华莱士发现了一个更为凶险的事实——鸟儿的繁殖能力遭到破坏。例如，他记录的"知更鸟和其他鸟类都筑了巢却没有下蛋，而那些下了蛋的鸟却孵不出小鸟。我们观察到，一只知更鸟认真地孵蛋 21 天，但却没有孵出幼鸟，而正常的孵化时间是 13 天……分析显示，繁殖期的鸟儿睾丸和卵巢里均含有大量的 DDT……10 只雄鸟睾丸的 DDT 含量为 30 ~ 109 ppm，两只雌鸟卵巢中卵泡的 DDT 含量高达 151 ~ 211 ppm。"

很快，其他地区的研究也得出了令人沮丧的结果。威斯康星大学的约瑟夫·希基教授和他的学生们把喷药地区和未喷药地区鸟类的情况做了对比研究，发现知更鸟的死亡率至少为 86% ~ 88%。位于密歇根州布鲁姆菲尔德山的克兰布鲁克研究院试图计算给榆树喷药所造成的鸟类伤亡程度，于是在 1956 年，研究人员要求所有疑似 DDT 中毒的鸟类都要送到该院做检查。对此，人们的响应远远超过预期。在接下来的几个星期之内，该院常年闲置的机器一直在超负荷运转，最终不得不拒绝随后送来的样本。到了 1959 年，仅在这一座小城里就有 1000 只中毒的鸟儿送来检查或报告给该院。知更鸟是最主要的受害者（一名妇女给该院打电话说，她家的草坪上死了 12 只知更鸟），此外还有 63 种其他鸟类。

一切都在说明知更鸟只是榆树防治造成的破坏链中的一环，而榆树喷药只是全国进行的各种农药防治项目的其中之一。大约有 90 种鸟类出现了大量死亡，其中包括郊区居民和自然爱好者较熟悉的种类。在一些喷过药的城镇，筑巢的鸟类数量减少了 90%。正如我们看到的那样，所有种类的鸟都受到了影响——地上觅食的、树上啄食的、树皮上捕猎的和食肉的鸟类等。

可以推测，以蚯蚓或其他土壤生物为食的鸟类和哺乳动物都将面临和知更鸟相同的命运。约有 45 种鸟类的食物中包含蚯蚓，其中一种鸟就是山鹬，它们一般在美国南方过冬，而那里近来已经喷洒了大量的七氯。如今，关于山鹬有了两个重要发现：加拿大新布伦瑞克省繁殖地出生的幼鸟数量急剧减少；成鸟体内含有大量的 DDT 和七氯残留。

令人不安的是，已经有证据表明，有 20 多种地面觅食的鸟类出现了大量死亡，因为它们的食物——蠕虫、蚂蚁、蛆或其他土壤生物都是有毒的。这些鸟类里面包括 3 种有着美妙歌喉的画眉，它们分别是绿背鸫、黄褐森鸫和隐士夜鸫。此外，那些掠过灌丛、在落叶中沙沙地觅食的雀类——歌雀和白喉雀，也成了化学药剂的受害者。

哺乳动物也很容易直接或间接地卷入这条死亡链中。蚯蚓是浣熊的主要食物，负鼠在春天和秋天的时候也会吃蚯蚓。像地鼠和鼩鼠这类掘地生活的动物也会大量捕食蚯蚓，这样就可能把毒素传播给其天敌——鸣角鸮和仓鸮这类猛禽体内。

春天，一场暴雨过后，威斯康星州出现了几只死去的鸣角鸮，它们可能就是吃了中毒的蚯蚓。人们还发现了一些出现抽搐症状的老鹰和猫头鹰（大角鹰、鸣角鸮、红肩鹰、雀鹰和泽鹰等）。这些鸟类或许就是二次中毒的案例，它们可能吃了其他中毒的鸟类或者老鼠，而被捕食的动物肝脏或器官里已经积累了大量的杀虫剂。

因榆树喷药而处于危险之中的不仅包括在地面觅食的动物或它们的猎食者，在树叶上找昆虫吃的鸟儿也因此没了踪影，这其中就包括有森林精灵之名的戴菊（红冠戴菊和金冠戴菊）、小巧玲珑的蚋莺和各种林莺。1956 年春末，一大群迁徙回来的鸣禽正好碰上了一次延迟的喷药。几乎所有飞到这里的鸣禽种类都出现了死亡。在威斯康星州的白鱼湾，往年总能看到至少 1000 只桃金娘林莺。1958 年喷药后，人们只发现了 2 只。如果再加上其他地区的死亡案例，死亡数量就更加庞大了。被杀死的鸟儿包括那些最漂亮、最受人喜爱的种类：黑白林莺、黄林莺、木兰林莺和栗颊林莺；在五月纵情放歌的灶鸟；双翅如火的黑斑林莺；栗肋林莺、加拿大林莺以及黑喉绿林莺等。这些可怜的鸟儿要么吃了有毒的昆虫而直接受害，要么受到食物短缺的间接影响。

食物的短缺问题同样也打击了在空中飞翔的燕子，它们在空中努力觅食，就如同饥饿的鲱鱼寻找浮游生物。威斯康星州的一位自然学家报告说："燕子受到重创。人们都在抱怨，燕子比四五年前少了很多。4 年前，我们头顶上方全是飞翔的燕子，如今很难见到了……这可能是喷药项目导致昆虫减少引起的，也可能是燕子吃了有毒的昆虫而死亡的缘故。"

关于其他鸟类，这位观察者写道："另一个损失惨重的是菲比霸鹟。各处的大鹟鸟都很少，而往年越冬时很常见的菲比霸鹟也见不到了。今年春天我见到了一只，去年春天也是。威斯康星州的其他猎人也在抱怨。过去我喂过五六对红雀，现在都不见了。鹪鹩、知更鸟、猫鹊和鸣角鸮每年都会来到我的花园筑巢，现在都消失了。夏天的清晨再也听不到鸟儿的歌声，只剩下害鸟，还有鸽子、椋鸟和英格兰麻雀。这场灾难真的让我无法承受。"

秋天，在榆树休眠期喷药后，毒素便进入了树皮的每一个缝隙，这可能是山雀、五子雀、花雀、啄木鸟以及褐旋木雀等鸟类急剧减少的原因。1957～1958年间的冬天，华莱士教授在自家的饲鸟架上都没有看见一只山雀和五子雀，这是这么多年以来的头一回。后来，他发现了3只五子雀，而且还在它们身上推演出了一条令人痛心的因果链：其中一只正在榆树上啄食，另一只垂死挣扎着，表现出典型的DDT中毒症状，第三只已经死去了。后来，他在第二只五子雀的体内组织里发现了226 ppm的DDT残留。

这些鸟类的饮食习惯很容易使它们成为杀虫剂的受害者，从经济角度和其他不易察觉的方面看，它们的死亡更令人惋惜不已。例如，白胸五子雀和褐旋木雀夏天的食物主要是对树木有害的各种昆虫卵、幼虫和成虫等。山雀食物的四分之三是各种处于不同生长阶段的昆虫。在本特的名著《生命历史》中有对山雀觅食方式的描述："雀群移动之际，每只鸟都在树皮、细枝和树干上仔细搜寻着琐碎的食物（蜘蛛卵、茧或其他正在休眠的昆虫）。"

多项科学研究已经证明，在各种情况下鸟类对昆虫治理发挥着关键作用。例如，啄木鸟在控制恩格曼云杉甲虫方面作用突出，它们可以使甲虫的数量减少 45% ~ 98%，且对苹果园里蚜虫的抑制效果也很好。另外，山雀和其他冬鸟可以保护果园免受尺蠖的侵扰。

然而，这些属于自然界的自我调控却未能兼容于农药肆虐的现代社会。喷洒的化学药剂不仅杀死了昆虫，还杀死了它们的主要敌人——鸟类。等昆虫卷土重来的时候，就再也没有鸟儿去控制它们了。密尔沃基公共博物馆鸟类馆馆长欧文·格罗梅在《密尔沃基日报》上撰文写道："昆虫最大的天敌就是捕食性昆虫、鸟类以及一些小型哺乳动物，但是 DDT 喷雾不存在选择属性，它会不分青红皂白地杀害自然界中的卫士和警察……我们借着发展的名义，为了一时之快而采用残忍的防治手段，最终才发现自己机关算尽、一败涂地，这样有意义吗？在榆树消失、自然卫士（鸟类）中毒而死之后，新生的害虫如果再来攻击其他树种的话，我们应该如何应对呢？"

格罗梅先生指出，自从威斯康星州开始喷药之后，有关鸟类伤亡的电话和信件就一直在不断增加。由这些质询可以得知，在喷过药的地方，鸟儿开始不断死亡。

美国中西部大多数研究中心的鸟类学家和生态保护人士的观点与格罗梅先生保持一致，这些机构包括密歇根州的克兰布鲁克研究院、伊利诺伊州的自然历史调查所和威斯康星大学等。在任何一个喷洒化学药剂的地区，当地民众的愤怒情绪都能够从当地报纸的《读者来信》栏目中了解到，而且他们比那些下令喷药的官员更深刻地明白农药喷洒的危险性与自相矛盾之处。密尔沃基当地的一名女士写信说道："这是一件可怜又让人心碎的事情……这场屠杀根本达不到预定的目的，一想到这儿，我的心情既沮丧又愤怒……从长远来看，如果不管鸟儿的死活，就能救得了树木吗？在自然环境中，它们难道不是互相依存的吗？人们能不能保护自然平衡，不去破坏它呢？"

其他人在信中也提到，虽然榆树雄伟高大，但它们并不是"圣牛"，没有必要为了救治榆树，就给其他生物来一次大屠杀。威斯康星州的另一名妇女写道："我一直都很喜欢榆树，它们就如同是我们的地理标志。但是，树的种类成千上万……我们还必须保护鸟类。谁能想象，如果春天没有知更鸟的歌唱，这个世界会变得多么乏味、多么枯燥啊！"

在公众心里，很容易形成一个非此即彼的简单选择：要鸟还是要树？但是，事情不会如此简单。与化学防治暴露出来的讽刺意味一样，如果我们沿着以前的老路走下去，或许最后我们将两者尽失——喷药行动杀死了鸟儿，却没能保护榆树。只要喷药就能挽救榆树的幻想把一个又一个城镇拖入了巨额花销的沼泽，产生的效果却只是昙花一现。康涅狄格州格林尼治市的定期喷药已有 10 年，但在某一年出现了旱灾，甲虫一下子拥有了非常适宜的生存环境，榆树的死亡率飙升了 10 倍。伊利诺伊州厄巴纳市，即伊利诺伊大学的所在地，早在 1951 年就首次发现荷兰榆树病，当地在 1953 年开始喷药防治。到了 1959 年，尽管喷药持续了 6 年的时间，大学校园内还是损失了 86% 的榆树，其中一半是由荷兰榆树病造成的。

在俄亥俄州托莱多市，一个相似的经历促使林业部主管约瑟夫·斯维尼回过头来重新审视喷药防治的后果。当地的喷药项目开始于 1953 年，到了 1959 年仍在持续。此时，斯维尼发现，执行完"书本和权威机构"建议的喷药项目后，棉蜡蚧的情况反而更加严重了。于是他决定亲自调查榆树喷药的后果，结果令他大吃一惊。他发现，在托莱多市，棉蜡蚧唯一得到控制的地区是直接把染病或有虫害的树移除的地方，喷药的区域反而失去了控制。在没有采取任何措施的农村，疾病传播的速度却远不如喷药的城区。由此可知，化学杀虫剂在杀死害虫的同时，也杀死了害虫的所有天敌。

我们必须放弃化学农药防治计划。虽然这样的看法使我与

那些支持美国农业部建议的人产生冲突，但是我掌握了真理，因此会坚持下去。

在美国中西部地区的一些城镇，榆树病是最近才开始传播的，为什么要坚持采纳昂贵的喷药计划，而不去借鉴其他地方多年的治理经验呢，实在让人费解。纽约州在防治榆树病方面历史悠久、经验丰富，因为在 1930 年，染病的榆木正是通过纽约港进入美国的。如今，纽约州在防治榆树病方面成绩显著，但他们并不依赖药物。实际上，纽约州农业推广局也从来没有建议人们使用喷药的方法。

那么，纽约州是如何达成这一成就的呢？从对付榆树病的第一天起到现在，纽约州就一直实行严格的措施，即立刻移除并处理掉所有生病或感染的树木。起初，结果令人失望，这是因为刚开始人们并不知道要一起销毁生病的榆树和可能有甲虫产卵的树木。感染的榆树被砍倒后，会被人们储存起来作为薪柴，但是如果不在春天之前烧完，就会产生许多带细菌的甲虫。每年 4 月末到 5 月结束，成虫便从冬眠中醒来，出来觅食，使榆树病再一次得到传播。后来，纽约州的昆虫学家根据经验，成功地找出了有甲虫产卵且对树病传播起重要作用的树木。通过集中处理这些树木，不仅产生了良好的防治效果，还使防治的成本降到了合理区间。到了 1950 年，纽约市 55000 棵榆树的染病率降到了0.2%。1942年，维斯切斯特县开展了一项防治计划。在之后的14年中，榆树每年的损失率仅为0.2%。拥有185000棵榆树的水牛城同样通过这种防控措施实现了很好的控制效果，年均损失率也只有0.3%。换言之，按照这种速度，荷兰榆树病需要300年的时间才能毁灭水牛城的所有榆树。

雪城的成绩更加令人瞩目。在1957年之前，这里并没有采取任何有效措施。从1951年到1956年，雪城一共损失了3000棵榆树。后来，在纽约州立大学林业学院霍华德·米勒的指挥下，大力清除了所有患病的和可能携带甲虫病源的榆树。如今，这里的榆树损失率已经降到了1%以下。

纽约州专家特别强调了这种荷兰榆树病防治方法的经济性，纽约州立大学农学院的麦塞思表示："在大部分情况下，实际防治成本比预想的还要小。如果树枝已经死亡或者折断了，为了防止造成财产损失或者人员受伤，就移除这段树枝。如果榆木已经变成一堆薪柴，那么可以在春天之前把它们烧掉，或者将树皮去掉，还可以把木柴存放在干燥的地方。如果是将死或者已死的榆树，为了防止榆树病的传播，最好把它立刻清除，成本并不比之后的处理成本高，因为城区的大部分死树终归要清除掉。"

可见，只要采取明智可靠的措施，我们对榆树病也并非完全无计可施。众所周知，榆树病现在仍然无法根除，但是如果某一地区暴发疾病，完全可以通过预防措施把它控制在合理的范围之内，这种方法不仅有效，而且对鸟类不会造成伤害。森林遗传学领域也提供了其他可能的解决方案，经研究表明，科研人员有望研发出一种对这种病具有免疫力的杂交榆树。欧洲榆树天然就具有很高的抗病性，目前已经在华盛顿地区种植了很多。即使在本地榆树发病率极高的时候，欧洲榆树仍然安然无恙。

那些损失了大量榆树的地区通过加速育苗和造林计划来补充绿化面积，这一点是十分必要的。虽然有些村镇可能已经将抗病的欧洲榆树纳入移栽计划，但也要考虑种植多种树木，这样即便将来又暴发了某一树病，也不至于毁掉该地区的全部树木。英国生态学家查尔斯·埃尔顿道出了保持动植物群落健康状态的关键——"保持生物多样性"。眼前发生的一切大都是生物单一化造成的恶果。但是在二三十年前没人知道在大片区域内种植单一的植物会招致灾难，所以人们才会让榆树来守护大街、点缀公园。如今，榆树都死了，鸟儿也没了……

与知更鸟类似，美国的另一种鸟儿也濒临灭绝。这就是美国的象征——鹰。在过去的10年里，鹰的数量减少之快令人忧心。事实表明，鹰的生存环境一定发生了某种变化，并完全破坏了它们的繁殖能力。到底是什么原因，目前尚不得知，但是有证据表明杀虫剂难辞其咎。

沿着佛罗里达西海岸，从坦帕到迈尔斯堡筑巢的鹰最受研究人员关注。一位温尼伯市的退休银行家查尔斯·布罗利在1939～1949年给1000多只秃鹰幼鸟做过标记而因此在鸟类学界声名鹊起（在此之前，历史上只有166只鹰绑过足带）。在幼鸟离巢之前的冬天，布罗利为它们绑上足带。后来的统计结果显示，这些佛罗里达鹰会沿着海岸飞至加拿大境内，最远可飞至爱德华王子岛。在这之前，人们一直认为这些鹰是留鸟。秋天的时候，它们又飞回南方。人们可以在宾夕法尼亚州东部鹰山的一些有利位置观察到它们的迁徙。

在做标记的前几年，布罗利每年在他工作的海岸都能发现125个有幼鸟的巢穴，每年被绑上足带的幼鸟大约有150只。1947年，出生的幼鸟开始减少——一些巢里根本没有鸟蛋；另外一些虽然有鸟蛋，但是都不能孵化。从1952年到1957年，大约有80%的巢中没有幼鸟出生。在最后一年里，只有43个巢里有鸟儿栖息——其中只有7个巢里有幼鸟出生（共8只）；23个鸟巢里有蛋，却没有孵化出幼鸟；13个巢穴被当成了餐室，根本就没有鸟蛋。1958年，布罗利跋涉了100英里后才最终找到了一只小鹰，给它做上了标记。1957年还有43个鸟巢里住着成鹰，而现在只剩下10个鸟巢有成鹰了。

这一系列的持续观察弥足珍贵，却在1959年随着布罗利先生的去世而宣告结束，但是佛罗里达州奥杜邦协会和新泽西州、宾夕法尼亚州相关机构的报告都证实了我们的确应该重新寻找一个新的国鸟了。鹰山保护区负责人莫里斯·布朗的报告尤其值得关注。鹰山是宾夕法尼亚州东南部一座风景如画的山峰，那里的阿巴拉契亚山脉最东端的山脊形成了阻挡西风吹向沿海平原的最后一道屏障。西风遇到山脉的阻挡向上吹去，形成了稳定的气流。秋季，长着宽大翅膀的鹰可以乘着气流，轻松地乘风破浪，在一天之内南飞几十公里。山脊在鹰山汇聚，候鸟的飞行路线也在此交会。鸟儿从北方广阔的领地一路飞来，一定会经过这个咽喉要道。

莫里斯·布朗在自然保护区当了20多年管理员，他观察记录过的鹰比任何一个美国人都要多。白头海雕迁徙的高峰在8月底和9月初。这些鸟儿原本生活在佛罗里达州，在北方待了一个夏季后就要飞回家乡。（在秋天和初冬，一些体形更大的白头海雕会飞过这里。它们属于北方的鹰种，飞往一个未知的地方过冬。）保护区建立初期的1935年到1939年间，可观察到的40%的鹰是1岁大的雏鹰，从它们深色的羽毛就很容易辨认出来。但是近年来，这些幼鹰已经很少了。从1955年到1959年，幼鹰只占到总数的20%；而在1957年，每32只鹰中只有1只幼鹰。

鹰山的观测结果与其他地方的发现一致。来自伊利诺伊州自然资源委员会的一名官员埃尔顿·福克斯在报告中表示，鹰（可能在北方筑巢）在密西西比河和伊利诺伊河沿岸过冬。

1958 年，福克斯先生在报告中提到，在近来发现的 59 只鹰中只有 1 只是幼鹰。世界上唯一的鹰自然保护区——萨斯奎汉纳河上的蒙特约翰逊岛也出现了类似的现象。这个小岛位于科纳温戈大坝上游 8 英里处，距离兰开斯特县河滨也只有半英里，但仍保持着原始风貌。从 1934 年起，兰开斯特县的一位鸟类学家兼保护区负责人赫伯特·贝克先生开始对这里的一个鸟巢进行观察。从 1935 年到 1947 年，每年这个鸟巢都有鹰居住，并成功地孵出了幼鹰。从 1947 年起，尽管还有成鸟占据着鸟巢，也下了鸟蛋，但是并没有孵出幼鹰。

蒙特约翰逊岛和佛罗里达州的情况一样：有些老鹰蹲在巢里，其中一些产下了鸟蛋，但是很少或者几乎没有小鹰孵化出来。对于这种情况，似乎只有一种解释——某种环境因素导致鹰的繁殖能力下降，以致现在几乎没有幼鹰孵出了。

多项人工模拟实验证实，其他鸟类也正遭遇着同样的情况。其中比较著名的是美国鱼类及野生动植物管理局的詹姆斯·德威特博士所做的实验。德威特博士以鹌鹑和野鸡为实验对象做了很多经典实验，用以研究各种杀虫剂对它们的影响。结果证明，接触 DDT 或相关化学药剂之后，虽然对成鸟不会造成明显的伤害，但可能会严重影响它们的繁殖能力。具体的表现形式可能不尽相同，但是结果是一样的。例如，鹌鹑在繁殖季节如果所吃食物中含有 DDT，它仍能存活下来，甚至产下的蛋也是正常的，而且数量也不少，但孵出来的小鸟却很少。"许多胚胎在发育早期都很正常，但到了破壳的时候会死去。"德威特博士这样说道。即使是孵出了幼鸟，其中一多半会在 5 天内死去。在其他一些以这两者为对象的实验中，如果成鸟在一整年内所吃食物都含有杀虫剂的话，它们无论如何也下不了蛋。加利福尼亚大学的罗伯特·拉德博士与查理德·吉纳利博士也有类似的发现——如果野鸡的食物中含有狄氏剂，"产蛋量会明显减少，幼鸟成活率也很低"。根据这些科学家的发现，一旦狄氏剂储存在蛋黄中，在孵化期间和破壳发育的时候，毒素就会被幼鸟逐渐吸收，对其造成致命伤害。

最近，华莱士教授和一名研究生理查德·伯纳德的实验强有力地证实了上述结论。通过实验他们发现，密歇根州立大学校园内的知更鸟体内含有大量的 DDT。研究人员在所有被测雄鸟的睾丸、发育中的卵泡、雌鸟的卵巢及输卵管、发育成型的蛋、废巢中未孵化的蛋、鸟蛋内的胚胎以及刚孵出来就死去的幼鸟体内都发现了 DDT 的毒素残留。

这些重要的研究都证明了同一个事实：鸟类一旦接触杀虫剂，就会对其后代产生影响。毒素贮存在鸟蛋中，在滋养胚胎的蛋黄中，它就像一道死刑执行令，这也就解释了为什么德威特博士实验中的幼鸟会死在蛋壳里，或仅在破壳几天后就死去。

很明显，在实验室中对鹰类展开研究有些不切实际，但是野外研究已在佛罗里达州、新泽西州以及其他地方开展，期望找到某种切实的佐证以说明成鹰类不育的真正原因。与此同时，一些间接证据把鹰类不育的矛头指向了杀虫剂。在一些盛产鱼类的地方，鱼类是鹰类的主要食物（鱼类在阿拉斯加地区约占鹰类食量的 65%，在切萨皮克湾约占 52%）。毫无疑问，布罗利先生长期研究的那些鹰类也主要以鱼为食。从 1945 年起，海岸地区就遭到了多次的 DDT 药液喷洒。空中喷药的主要目标是盐沼蚊，这种蚊子主要生活在沼泽和海岸地区，而这里正是鹰觅食的区域。农药杀死了大量的鱼类和螃蟹，实验分析显示，它们体内 DDT 浓度很高，大约为 46 ppm。鹰的状况与鸊鷉一样，它们因为吃了清湖中的鱼，体内也蓄积了大量的DDT。野鸡、鹌鹑以及知更鸟与鸊鷉一样，它们的繁殖能力都在逐渐下降，难以维持其种群的延续。

今天，世界各地都传出了鸟类面临危险的消息。各地报告的细节虽然不同，但主题却只有一个，那就是杀虫剂的使用造成了野生动物的死亡。在法国，葡萄园内喷了含砷除草剂后，成百上千的小鸟和山鹑都死了。山鹑在比利时曾盛极一时，而当附近的农场喷洒过农药后，它们几乎被灭绝殆尽。

相比之下，英国面临的问题十分特殊，这与播种前用杀虫剂处理种子的做法有关。种子处理并不是什么新鲜事，但早期使用的化学品一般为杀菌剂，对鸟类造成的影响并不十分明显。大约从 1956 年开始，拌种方法开始想达到双重功效——除了杀菌剂外，人们还会加上狄氏剂、艾氏剂或七氯来对付土壤中的昆虫。从那时起，情况就变得复杂起来了。

1960 年春天，关于鸟类死亡的各种报告像洪水一样涌进了英国野生动物管理机构（主要包括英国鸟类学基金会、皇家鸟类保护协会及猎鸟协会）的信箱。诺福克郡的一位农场主写道："这地方就像一个战场，我的管家发现了大量的小鸟尸体：苍头燕、绿翅雀、红雀、篱雀，还有麻雀……野生动物的毁灭让人悲痛不已。"一位猎场管理员写道："我的山鹑全被喷过农药的玉米毒死了，还有一些野鸡和其他鸟儿，好几百只鸟都死了……对我这样的管理员来说，这是一件痛苦的事情。看到一对对山鹑死去，我的心里难受极了。"

英国鸟类学基金会与皇家鸟类保护协会在一份联合报告中描述了 67 只鸟类死亡的情况。其中，59 只被种子包衣毒死，8 只死于化学喷剂。实际上，1960 年春天死亡的鸟类数量远不止这个数字。

第二年，新一轮的中毒事件来袭。英国众议院接到报告，仅诺福克郡的一家庄园里就有 600 只鸟死亡，北埃塞克斯的一个农场里有 100 只野鸡死去。很快，受影响的郡县数量就明显超过了 1960 年的报告数目（1960 年有 23 个郡，1961 年有 34 个郡）。以农业为主的林肯郡损失最为惨重，大约有 10000 只鸟儿死亡。从北部的安格斯到南部的康沃尔，从西部的安格斯到东部的诺福克，死亡阴影在英格兰的所有农场中蔓延。

到了1961年，人们对这个问题的担忧情绪达到了峰值。英国众议院专门成立了一个特别委员会对此事件进行了调查，对农民、农场主、农业部代表以及与野生动物相关的政府和民间组织进行了取证。一位目击者称："鸽子会从空中突然掉下来摔死。"另一个人说："就算你在伦敦城外开车走上一两百英里，也见不到一只红隼。"自然保护局的官员也做证道："20世纪以来，乃至我所知道的任何时代，从未发生过类似的情况，现在对野生动物或狩猎业来说是最危急的时刻。"

在这次调查任务中，对受害鸟类进行化学分析的设备明显不足，而且整个国家只有两名化学家有能力进行这类检测（一名在政府任职，另一名在皇家鸟类保护协会工作）。目击者称，在焚烧鸟儿尸体时，燃起了熊熊大火。当人们收集鸟类尸体拿来检测时，发现几乎所有的鸟儿体内都含有杀虫剂，只有一只例外。这只例外的鸟是沙锥鸟，它们从来不吃植物的种子。

和鸟类一样，狐狸也可能吃了中毒的老鼠或鸟而间接受到影响。英国的兔子泛滥成灾，所以急需狐狸来猎杀。但是从1959年11月到1960年4月，至少有1300只狐狸死亡。在雀鹰、红隼等其他猛禽几乎绝迹的地方，狐狸的死亡最为严重，这表明毒素正通过食物链传递，从食谷动物传播到肉食动物体内。即将死亡的狐狸与其他氯化烃中毒的动物一样，典型的症状是不停地转圈，头晕目眩，最后抽搐而死。

听证会成功说服了委员会，委员们意识到野生动物面临的威胁已经"极其严重"，故而向众议院提出建议，"农业部部长和苏格兰事务大臣应立即下令禁止使用狄氏剂、艾氏剂、七氯或毒性相当的化学药剂处理种子"。委员会还建议，应适当加强管控措施，以保证化学品在进入市场前接受严格的实地实验和实验室检测。值得强调的是，这是所有地区杀虫剂施用领域的一大空白。农药生产商做实验时都是采用常规的动物（老鼠、狗、豚鼠等），而不包括野生动物、鸟类和鱼类，而且大都是在人为控制下进行的。所以，他们的研究结果并不适用于野生动物。

英国绝不是唯一急需保护鸟类免受包衣种子伤害的国家。在美国，加利福尼亚州和南部各州的大米产区一直受到此类问题的严重困扰。多年来，加州一直用 DDT 处理水稻种子，以防止鳘虫和食腐甲虫的危害。由于稻田里水禽和野鸡众多，加州以前一直是狩猎圣地。但在过去的 10 年里，产稻地区一直传出鸟类死亡的消息，尤其是野鸡、鸭子和乌鸦。"野鸡病"在当地更是变成一种人人熟悉的病症：病鸟极度嗜水，浑身麻痹，倒在水沟旁和稻田里不停颤抖。这种病会在春天发作，恰恰是稻田播种的时间，而用于种子包衣的 DDT 浓度足以将成年野鸡毒死好多次。

随着时间的推移，人们又研制出了毒性更强的杀虫剂，包衣种子造成的危害也在不断增强。如今，艾氏剂被广泛应用于种子包衣，对野鸡来说，它的毒性是 DDT 的 100 倍。在得克萨斯州东部的稻田里，这种做法已经严重影响了栗树鸭的数量。这种鸭子呈黄褐色，长得像鹅，生活在墨西哥湾沿岸。我们确实有理由相信，水稻种植户使用具有双重功效的杀虫剂是想要达到杀虫和减少乌鸦数量的目的，但给稻田里其他几种鸟类带来灾难也是事实。

随着人类杀戮习惯的养成——铲除给我们带来烦恼或不便的生物，鸟类越来越多地成为毒药的直接目标，而不是出于意外。从空中喷洒对硫磷这样的毒药来"控制"农民讨厌的鸟类的做法越来越普遍。美国鱼类与野生动物管理局对这种趋势表示极度的关切，他们指出："喷洒对硫磷的区域对人类、家畜和野生动物都具有潜在的危害。"例如，在印第安纳州南部，一群农民在 1959 年夏天雇了一架飞机，在河滩的一片洼地喷洒对硫磷，然而这片河滩一直都是乌鸦的栖息地。其实，这些农民只要改种一种苞长穗深的玉米品种就可以轻松解决乌鸦偷食的问题了，但是农民们还是听信了那些使用农药后的好处，于是他们雇用了飞机来为它们送葬。

喷药的结果可能令农民们非常满意，因为死亡单上约有65000 只红翅乌鸫和椋鸟。其他未被发现、记录的野生动物死亡数量不得而知。对硫磷不仅对乌鸦有效，对于所有生物，它都"一视同仁"。然而，那些在滩地闲逛的兔子、浣熊或负鼠，它们可能从未造访过玉米地，却也被冷漠的人们判了死刑。

人类的情况又是怎样呢？在加利福尼亚州喷洒过对硫磷的果园里，工人们在接触了喷药叶子一个月后，都突然病倒，甚至休克，经过及时的救治才得以死里逃生。印第安纳州的小男孩是否还喜欢去丛林和田野里游玩，或者到河边去探险呢？如果答案是"是"的话，又有谁来阻止那些探寻原始自然的孩子不要进入有毒区域呢？谁能一直保持警惕，告诉那些无辜的游人，这里所有的植物都包裹了一层致命毒药，因而十分危险呢？尽管面临如此巨大的危险，却始终没有人去阻止农民们对乌鸦发动不必要的战争。

在每一次的事件中，人们都回避了一个问题：是谁做的决定，引起了一连串的中毒事件，让死亡的波浪不断涌动，就像一枚卵石砸进安静的池塘后涟漪不止？是谁在天平的一端放满了甲虫的食物——树叶，而在另一端堆满了斑斓的羽毛——来自中毒而死的鸟儿的尸体？又是谁未与公众协商就得出结论，没有昆虫的世界才是最好的，即使世界因失去鸟儿变得黯然失色也在所不惜呢？这是一个独裁者的决定，对于千百万人来说，自然的美丽与秩序具有深邃而重要的意义，他只是趁着无数民众一时疏忽之际，做出了一个愚蠢的决定而已。

第九章　死亡之河

在大西洋绿色的海底深处，有许多伸向岸边的幽暗路径。鱼群会沿着这些路径巡游，虽然这些小路看不见、摸不着，但是它们确实与入海的河水相连。几千年来，鲑鱼就是沿着这样的淡水路径洄游到内陆河流，回到自己刚出生的头几个月或几年中待过的支流里。1953 年夏秋两季，新布伦瑞克省海岸线上米拉米奇河中的鲑鱼从觅食的大西洋回到它们的出生地。河流的上游绿树掩映、溪流汇集，清冽的小溪淙淙流淌。秋天，鲑鱼就把卵产在河床的碎石上。云杉、香脂冷杉、铁杉和松树等在这里构成了巨大的针叶林区，为鲑鱼产卵提供了适宜的环境。

这种洄游模式由来已久，年年如此，使得米拉米奇河成为北美地区最负盛名的鲑鱼产地。但就在 1953 年，这种模式被打破了。

秋冬季节，个大壳厚的鲑鱼卵静静躺在母鱼在河底挖好的浅槽中。在寒冷的冬天，鱼卵发育得很慢，等到了春天，林中溪水融化之后，幼鱼才孵化出来。起初，它们只有半英寸长，藏在河底的砾石中间，不吃也不喝，靠一个硕大的卵黄囊生存。直到卵黄囊被全部吸收，它们才开始在溪流中觅食。

1954 年春天，米拉米奇河里游动着无数刚刚孵化的鱼苗，还有身上长着炫目条纹和红色斑点的幼鲑，它们是在一两年前孵化的。这些小鱼在小溪里贪婪地搜寻着各种稀奇古怪的昆虫。

随着夏天的来临，一切都在改变。那年，在米拉米奇河西北部流域进行了一次大规模的喷药行动。前一年，加拿大政府为了治理蚜虫开展了这项计划。卷叶蛾是侵害多种常青树木的一种本地昆虫。在加拿大东部，卷叶蛾灾每 35 年就会暴发一次。20 世纪 50 年代初期，当地的卷叶蛾数量暴涨。为了对付它们，人们开始使用 DDT。刚开始只是小规模使用，到了 1953 年，使用的节奏突然加快了。在这之前，人们只是针对数千英亩的森林进行农药喷洒，如今已经增至数百万英亩，而其目的主要是为了拯救橡胶和造纸业的主要原料——香脂冷杉。

1954 年 6 月，飞机造访了米拉米奇河西北流域的森林，纵横交错的白色烟雾在空中划出了一道道飞行轨迹。每英亩土地被喷洒了 0.5 磅的油溶性 DDT，药剂穿过香脂冷杉的枝叶，落在地上，也落在林间的河流里。飞行员一心想着完成任务，所以他们不曾躲避河流，也不会在飞过溪流时关掉喷嘴。不过，只需最轻微的空气震动，药雾就会飘散很远，即使飞行员们小心注意了，也于事无补。

喷洒药剂之后不久，就出现了糟糕的迹象。仅在两天之内，河流沿岸的鱼儿就死伤无数，其中包括很多幼鲑。鳟鱼也无法幸免，道路边、森林里的鸟儿也在不断死去。河流中的一切生物都沉寂了下来。在喷药之前，河里的生物多种多样，构成了鲑鱼和鳟鱼的丰盛食物——用黏液把树叶、草梗或碎石粘在一起形成松散掩体的石蛾幼虫；在湍急的河流中紧紧贴住岩石的石蝇幼虫；还有在浅滩的石头上或者在溪流漫过的斜岩上缓慢移动着的、像蠕虫一样的蚋幼虫。但是现在，溪流中的昆虫全被 DDT 杀死了，那些小鲑鱼也无处觅食了。

果不其然，在这样一幅死亡与毁灭的惨景中，小鲑鱼也不能置身其外。到了 8 月，春天里孵化的小鲑鱼全都消失了。一年的繁殖化为乌有。一岁或者更大一点的鲑鱼，情况稍好一点。飞机喷药时，1953 年孵化出的鲑鱼正在河里觅食，经后来计算，6 条鲑鱼里只有 1 条幸存下来。而 1952 年孵化的鲑鱼几乎已准备好前往大海，也死掉了三分之一。

这些事实之所以为人所知，是因为自 1950 年起，加拿大渔业研究会就开始对米拉米奇河西北流域的鲑鱼进行研究。他们每年会对河里的鲑鱼进行一次数量普查。生物学家做的普查记录包括：洄游繁殖的成年鲑鱼的数量，每个年龄段小鲑鱼的数量，以及河流中生存的鲑鱼和其他鱼类的正常数量。有了这些喷药前的完整记录，研究人员就可以精确计算喷药造成的损失了。

这项调查不仅揭示了幼鱼的损失情况，还反映了河流本身发生的巨大变化。反复喷药已经完全改变了河流环境，作为鲑鱼和鳟鱼食物的水生昆虫几乎全部死亡。即使只喷药一次，昆虫们也需要很长时间才能恢复到支撑鲑鱼生存的数量——时间是好几年，而不是几个月。

较小的昆虫，如摇蚊和蚋，恢复的速度很快，它们是几个月大的鲑鱼的食物。但是，较大的水生昆虫，如石蛾、石蝇和蜉蝣的幼虫等就恢复得较慢了，而两三岁龄的鲑鱼是要以这些昆虫为食的。即使在喷药的第二年，除了偶然发现一只小石蝇外，幼鲑很难发现其他食物了。为了给鲑鱼提供天然食物，加拿大人尝试在米拉米奇河贫瘠的水域培育石蛾幼虫和其他昆虫。但是，只要再次喷药，这些精心培育的昆虫就会被轻而易举地消灭。

出乎意料的是，蚜虫并没有如期减少，反而更加猖獗了。从 1955 年到 1957 年，新布伦瑞克省与魁北克省的各个区域反复喷药，有些地方甚至喷了3次。到1957年，已经有1500万英亩的土地喷过了农药。喷药曾暂停了一段时间，但是由于蚜虫的突然暴发，人们在1960年和1961年又各喷了一次。实际上，没有任何迹象表明喷药防控蚜虫是长久之计（连续喷药让香脂冷杉连续几年脱去叶子，从而避免死亡）。因为随着喷洒的持续进行，副作用也在延续。为了减少对鱼类的伤害，在渔业研究委员会的建议下，加拿大林业局把DDT浓度从每英亩0.5磅降到0.25磅（在美国，每英亩1磅的致命标准仍在使用）。然而在观察喷药效果几年后，加拿大人发现如今的情况好坏参半，但可以肯定的一点是，如果继续喷药，那些喜欢垂钓鲑鱼的人以后就再也享受不到任何乐趣了。

后来，一系列不同寻常的事件拯救了米拉米奇河西北部的鱼类，但这样巧合的事件在一个世纪之内再也不会出现了。我们有必要了解一下那件事情的经过和原因。

正如我们所知，在1954年，米拉米奇河西北流域已经喷洒了大量农药。此后，除了1956年时在一个狭窄地带喷过药外，整个支流上游都没有再喷过药。1954年秋天，一场热带风暴拯救了米拉米奇河中鲑鱼的命运：飓风埃德娜一路北上，给新英格兰地区和加拿大海岸带来了倾盆大雨，形成的洪流裹挟着大量淡水奔流入海，吸引来了大量鲑鱼洄游。因此，河床的砾石间再次出现了数目繁多的鱼卵。1955年春天，在米拉米奇河西北部孵化的幼鲑获得了理想的生存环境。虽然前一年DDT 杀死了所有的水生昆虫，但幼鲑的主要食物——摇蚊和蚋等小型昆虫已经得到了一定程度的恢复。因此，那年的鲑苗不仅有了丰富的食物，而且几乎没有争食者，因为较大的幼鲑已经在 1954 年被药剂全部毒死了。1955 年孵化而出的鱼苗生长迅速，并大量存活下来。它们很快在河流中完成了发育，随后奔向大海。1959 年，这批鲑鱼中的大多数洄游到这里，并产下了很多鱼卵。

米拉米奇河西北流域的状况之所以相对不错，因为这里只喷过一次药。而在其他河段则可以明显地看到重复喷药的恶果——那里的鲑鱼数量正急剧减少。

在喷过农药的河流里，各阶段的幼鲑都十分稀少。据生物学家报告，鲑鱼鱼苗"基本绝迹了"。米拉米奇河西南段在1956 年和 1957 年连续喷药，结果 1959 年的捕鱼量跌破了 10年来最低水平。初次洄游的产卵鲑鱼极为稀少，渔民对此议论纷纷。人们在米拉米奇河入海口设置了采样处，据统计显示，1959 年洄游的幼鲑仅是上一年的四分之一。1959 年全年，米拉米奇河首次入海的两岁幼鲑仅有 60 万只，不到过去三年任何一年水平的三分之一。

在这样的背景下，新布伦瑞克省鲑鱼业的未来只能取决于人类能否找出代替喷洒 DDT 的虫害防治方法了。

加拿大东部的情况其实并不特殊，只是与别处相比，这里的喷药范围更广和数据统计更为详尽。美国的缅因州同样有云杉林和香脂冷杉林，也面临昆虫防治问题。而且缅因州也有鲑鱼洄游的现象，但数量也已大不如前，如今仅留存下来的洄游河段也是生物学家和环保人士在工业污染和滥伐树木的双重压力下倾尽全力保存下来的。尽管这里也喷洒了用来对付无处不在的蚜虫的农药，但受到影响的区域却相对较小，而且也不包括鲑鱼产卵的主要河段。但是缅因州内陆渔猎管理局在某地区河流中观察到的鱼类状况却可能是一个非常凶险的征兆。该局报告：

1958 年喷药过后，在大戈达德河中立刻就发现了大量濒死的吸口鱼。它们表现出典型的 DDT 中毒症状：游动的姿势很奇怪，冒出水面大口喘气，不停地颤抖和痉挛。喷药后的前 5 天内，人们在两张渔网中发现了 668 条死了的吸口鱼。在小戈达德河、卡里河、阿尔德河以及布雷克河，都发现了大量死去的鲦鱼和吸口鱼。人们经常能看见一些虚弱的、濒死的鱼儿沿河向下游漂去。在一些地方，喷药一周后，还会发现变瞎的、濒死的鳟鱼顺着河水漂流。

（各种研究证实，DDT 可能导致鱼类失明。1957 年，一位生物学家观察了温哥华岛北部的喷药项目后说，原来很凶猛的鳟鱼，他现在可以轻易地从河中徒手捞出，因为它们游动很慢，根本无力逃脱。经过检测发现，鳟鱼的眼睛蒙上了一层白膜，说明它们的视力已经受到了损伤或者完全失明。加拿大渔业局的研究也显示，接触 3 ppm 这样低浓度的 DDT 而没有死亡的银鲑都出现了失明的症状，鱼眼的晶状体明显变得浑浊。)

凡是有森林的地方，现代昆虫防治方法就会威胁到栖息在林间溪水中游动的鱼儿。1955 年发生了一件轰动全美的鱼类灭绝事件，全因黄石公园内部和周边无度喷洒农药而起。那年秋天，黄石河中发现数目巨大的死鱼，渔猎爱好者和蒙大拿州渔猎管理人员都感到极为震惊。受影响的河段约 90 英里，其中在一段 300 码长的河岸边，人们发现了 600 条死鱼，包括褐鳟鱼、白鱼和吸口鱼。鳟鱼的天然食物——各种水生昆虫也已经彻底灭绝。

林业局的官员声称，他们是按照每英亩 1 磅 DDT 的"安全"标准进行农药喷洒的。但是，喷药结果说明这种推荐剂量并不可靠。1956 年，蒙大州渔猎局与另外两个联邦机构——美国鱼类与野生动植物管理局、联邦林业局，联合开展调查。在这一年，蒙大拿州的喷药面积为 90 万英亩；1957 年的喷药面积为 80 万英亩。因此，生物学家很容易就选定了适合展开研究的区域。

死亡的方式总是以一种典型的模式呈现出来：森林上空弥漫着 DDT 的气味，水面上漂着一层油膜，岸边是死去的鳟鱼。不管是活的还是死的，所有被检测过的鱼类体内都发现了残留的 DDT。与加拿大东部的情况一样，喷药导致了生物饵料的锐减。很多地方的研究都表明，水生昆虫和其他河底生物的数量减少到了原来的十分之一。鳟鱼以之为食的昆虫一旦遭到毁灭，需要很长时间才能恢复过来。即使到了喷药第二年的夏末，也只有少量的水生昆虫能够重新繁殖起来。曾经有一条底栖动物①异常丰富的河流，但是现在河里几乎见不到任何一种昆虫了，而这条河里的可供垂钓的鱼儿也减少了80%。

这些鱼儿并不会马上死去。实际上，死缓比立即执行死刑的后果更可怕。正如蒙大拿州的生物学家发现的一样，由于慢性死亡多发生在鱼季之后，所以这种情况从来都没有被上报和统计过。在他们研究过的河流中，秋季繁殖的鱼类出现了大量死亡，主要包括褐鳟、溪鳟和白鲑，但这并不让人意外，因为无论是鱼类还是人类，所有生物在生理应激期间都要分解体内大量的脂肪作为能量的来源，这就使鱼肉组织内贮存的 DDT 得以发挥致命的毒性。

情况至此变得非常清晰，每英亩喷洒 1 磅 DDT 就会对林

---

① 绝大部分时间生活在水底的水生动物。

中河流的鱼类带来严重的威胁。此外，对蚜虫的治理也未能实现，很多地方只能重复喷药。蒙大拿州渔猎局对此表达了强烈的不满，表示"他们不愿意仅仅为了一项必要性和功效性都值得怀疑的喷药计划而牺牲渔业资源"。然而，该局转身又宣布将继续与林业局加强合作，"竭尽全力降低喷药项目的副作用"。

但是，这种合作真的能拯救鱼类吗？加拿大的不列颠哥伦比亚省的经验足以说明问题。黑头蚜虫在那里已经肆虐了好几年，林业局的官员担心再过一个季节，树木会因为脱叶而大量死亡，于是在 1957 年决定采取措施。他们与渔猎局商讨过很多次，因为他们担心洄游的鲑鱼会因此受到伤害。林业局下属的森林生物部门同意在不影响防治效果的前提下，对喷药计划做出调整，以减少对鱼类造成的伤害。

尽管采取了预防措施，人们也做了一番努力，但在该防治项目中至少有 4 条河流中的鲑鱼全部死亡。在其中一条河流中，4 万条洄游银鲑中的幼鲑被全部毒死。几千条年幼的硬头鳟和其他种类的鳟鱼同样损失惨重。银鲑的生命周期是 3 年，而洄游的这些鱼儿几乎都是同年龄段的。与其他的鲑鱼一样，银鲑有很强的洄游本能，它们只会回到自己的出生地，而不会游到别的河流中去。这就意味着，每隔 3 年的鲑鱼洄游景观几乎不复存在了，除非通过人工繁殖或其他方法才能使之恢复。

这个世界上本就存在着既能保护森林，又能挽救鱼类的解决方法。如果我们采取放任不管的态度，自认只能将河流变成死亡之地，那我们便是彻底听信了绝望和失败主义蛊惑。我们要做的是拓展已有的方法，充分利用自己的聪明才智和各种资源来开发新的防控方法。有记录显示，天然的寄生性生物可以很好地控制蚜虫，比喷药更有效，所以我们应该充分利用这种自然方法。此外，我们还可以使用毒性较弱的药剂，或者利用微生物使蚜虫生病，这样一来也不会破坏森林环境。在本书的后面，我们会了解这些替代方法以及它们的应用前景。同时，我们也应该认识到，对森林中的虫害进行化学防治，既不是唯一的，也不是最佳的方法。

杀虫剂对鱼类的威胁可分为三类。如我们所看到的，第一种就是上文提到的，对北部森林河流中鱼类的伤害。这种情况与森林的喷药有关，且几乎完全是 DDT 所致。第二种危害则具有蔓延性，会殃及全美各地流水与静水水系中的鲈鱼、太阳鱼、吸口鱼等。这类情况几乎与所有的农业杀虫剂都有关，涉及的主要毒物有异狄氏剂、毒杀芬、狄氏剂和七氯等。最后一种问题与盐沼、海湾、河口中的鱼类有关，我们现在就需要开始考虑未来将发生的危害，因为针对这类问题的研究才刚刚起步。

新型有机杀虫剂的广泛使用必定会对鱼类造成严重的损害。因为鱼类对氯化烃类农药异常敏感，而现代杀虫剂大多是用氯化烃制成的。数百万吨有毒的化学药剂接触地表后，必然会有一部分毒素进入海陆之间无限的水循环中。

如今，鱼类死亡的报告十分频繁，其中有些案例的死亡率极高，简直就是一场灾难，美国公共卫生署不得不设立办事处来收集各地报告，将其作为评估水污染的一个指标。

这个问题也引起了很多人的关注。在美国，大约 2500 万人把钓鱼当作一大乐趣，另有 1500 万人也时常去一试身手。他们每年在办理执照、装备、船只、野营装备、汽油以及住宿方面的花销高达 30 亿美元。如果他们没法钓鱼的话，会对经济产生极大的影响。商业捕捞的经济效益极高，更重要的是，它还是我们人类的一个重要食物来源。内陆和海洋渔业（近海捕鱼除外）每年的捕鱼量约 30 亿磅。然而，正如我们所看到的，杀虫剂已经侵入溪流、池塘、江河及海湾，对休闲垂钓和商业捕捞构成了严重威胁。

如今，农业用药毒死鱼类的例子随处可见。例如，加利福尼亚州曾使用狄氏剂治理水稻潜叶蝇，结果导致约 6 万条垂钓鱼丧生，其中大多数是蓝鳃太阳鱼和其他种类的太阳鱼；在路易斯安那州，因为人们在甘蔗地里使用了异狄氏剂，仅在 1960 年一年就出现了 30 多起鱼类死亡的现象；宾夕法尼亚州的农民为了杀死果园中的老鼠，喷洒了异狄氏剂，结果杀死了大量的鱼类；西部高原使用氯丹防治蚱蜢，却毒死了溪流中大量的鱼类。

美国南部为了控制火蚁而展开了规模宏大的喷药计划，数百万英亩的土地被喷了个遍，可能没有任何一个其他农业计划能与之相提并论。这次施用的农药主要是七氯，对鱼类的毒性比 DDT 稍弱。此外，当地还用了狄氏剂，这种农药会对所有的水生生物造成极大伤害，历史文献中已不乏先例。对鱼类而言，比狄氏剂毒性更强的只有异狄氏剂和毒杀芬了。

在火蚁防治区内，不论使用了七氯还是狄氏剂，都会给水生生物带来毁灭性的伤害。从生物学家撰写报告的只言片语间，我们就能闻到死神的味道：在得克萨斯州，"尽管我们竭力保护河流，但是仍有大量的水生动物伤亡惨重"，"死鱼几乎出现在了所有喷过农药的水域"，"鱼类的死亡一直持续了 3 周，损失惨重"。在亚拉巴马州，"喷药几天后，威尔科尔斯县的大多数成鱼全都死亡了"，"季节性水域和小支流里的鱼几乎彻底灭绝"。

路易斯安那州的渔民们纷纷投诉自家鱼塘遭受了损失。沿着一条运河走上不到四分之一英里的距离，就会发现 500 多条死鱼，它们或浮在河中，或搁浅在岸边。在另一个教区，出现了 150 条死去的太阳鱼，幸存下来的数量还不到原先的四分之一。其他 5 种鱼也几乎全部绝迹了。

在佛罗里达州的一个喷药区，人们在塘鱼体内检测出了七氯及其次生化学物环氧七氯的残留。这些塘鱼主要包括太阳鱼和鲈鱼，它们都是垂钓爱好者喜爱的猎物，也是人们餐桌上的常客。然而，它们体内却含有食品药品监督管理局认定的对人体极为有害的化学物质，纵然摄入极微小的剂量也是非常危险的。

关于鱼类、青蛙以及其他水生生物的死亡报告层出不穷，因此，一个致力于研究鱼类、爬行动物和两栖动物的组织——美国鱼类学家和爬虫学家协会，于1958年通过了一项决议，呼吁美国农业部和有关部门，"在造成无法挽回的损失之前，停止从空中喷洒七氯、狄氏剂以及其他毒药"，并关注美国东南部的各种鱼类和其他生物的生存环境，主要包括一些当地独有的珍稀物种。协会还发出警告说："很多动物只生活在很小的区域内，极易彻底灭绝。"

由于人们施用杀虫剂来对付棉花害虫，美国南方各州的鱼类也损失惨重。1950年夏天，亚拉巴马州北部的棉花产区就经历了一场灾难。在此之前，人们只要使用少量的有机杀虫剂就能控制棉铃象甲。但由于一连几个暖冬的关系，1950年棉铃象甲大量滋生。于是，80%～95%的农民在当地技术人员的鼓动下使用了杀虫剂，最常用的一种农药是毒杀芬——那是一种对鱼类杀伤力极强的化学药品。

夏天暴雨频繁，雨水把农药冲进了河里，于是农民开始反复喷药。那一年，平均每英亩的土地上喷洒了63磅毒杀芬，部分农夫甚至在1英亩的土地上就使用了200磅，还有一名头脑发热的农民在一英亩土地上就施用了超过 0.25 吨的农药。

结果可想而知。亚拉巴马棉产区的弗林特河就是一个典型的例子，在注入惠勒水库之前，它已经在棉区蜿蜒流淌了 50英里。8 月 1 日，弗林特河流域大雨倾盆。陆地上起初是涓涓细流，然后变成湍急的小河，最后形成汹涌的洪水涌进河中，弗林特河水位也因此上涨了 6 英寸。第二天一早，人们发现，进入水道的物质绝对不止雨水而已。鱼儿在水面无精打采地转圈，有时候还会猛地从水中跳到岸上，而且鱼儿们很容易被抓到。有一个农夫抓住了几条，把它们放到了有泉水注入的池塘里，这几条鱼在纯净的水源中慢慢恢复过来。但河水中整天都有死鱼顺流而下。这只是灾难的序曲，每场降雨都会把更多的杀虫剂冲进河里，毒死更多的鱼。8 月 10 日的一场大雨几乎把河里的鱼都杀光了，以至于 8 月 15 日那场大雨后，毒药再一次涌进河流时，已经无鱼可死了。人们把装有测试金鱼的笼子放入河中的网箱里，不到一天这些鱼儿都死了，这是最直接的证明河流中存在化学毒药的证据。

弗林特河中死亡的鱼类包括大量的白刺盖太阳鱼，它们是垂钓者最喜爱的一种鱼。在弗林特河注入的惠勒水库里也发现了大量死亡的鲈鱼和太阳鱼，就连这些水域中的无用杂鱼——鲤鱼、水牛鱼、石首鱼、美洲真鲹、鲶鱼等也惨遭毒害，然而这些鱼一直没有任何患病的迹象，只是濒死时会不停抽搐，鱼鳃上会出现奇怪的紫红色。

如果在温暖而封闭的养鱼池附近使用了杀虫剂，鱼类的命运就会更加不堪设想。已经有很多例子表明，毒素会随着雨水和径流进入池塘。除此之外，有时候喷药的飞行员在经过池塘上空时，会忘记关掉喷粉器，药粉也会直接落入池塘。但即便不考虑那么多的复杂因素，正常的农药用量也已足够致死鱼类了。换言之，即使大量减少施药量，也无济于事，因为每英亩池塘的喷药量超过 0.1 磅就足以造成危害。毒素一旦进入池塘，就很难清除。为了消灭闪光鱼，有一个池塘里用了DDT，之后反复排水和冲洗池塘，里面的毒物残留依然严重，结果后来投放进的太阳鱼，被毒死了 94%。显然，有毒物质仍顽固地潜藏在池塘底部的淤泥里。

与现代杀虫剂刚刚投入使用时相比，现在的状况并没有任何起色。1961 年，俄克拉荷马州野生动物保护署宣布，他们每周最少会接到一起养鱼池或者小湖泊出现大量死鱼的报告，而且这样的报告还在增加。由于多年来这类情况不断上演，造成这种损失的原因也早已为人所熟知：给农作物喷洒杀虫剂，然后一场大雨来袭，有毒物质趁机流进池塘。

在世界某些地区，池塘养殖的鱼类是必不可少的食物来源。在当地肆意使用杀虫剂，置鱼类的生死于不顾，必然会引发很多迫在眉睫的问题。例如，在罗德西亚，浓度仅为

0.04 ppm 的 DDT 轻而易举地就杀死了当地浅水中的一种重要食用鱼——喀辅埃鲷的幼苗，即使剂量更小的其他药剂对这种鱼类而言也是致命的。喀辅埃鲷生活的浅水区正是蚊虫大量繁殖的地方。防控蚊虫，同时保护好中非饮食的重要食用鱼类，这一难题显然没有得到妥善解决。

在菲律宾、中国、越南、泰国、印度尼西亚以及印度，虱目鱼的养殖也面临同样的问题。虱目鱼在这些国家被养殖在沿海地区的浅水池中。成群的鱼苗会突然出现在岸边（没人知道它们来自何方），人们把它们捞起来，放进鱼池中养大。对于以大米为生的无数的东南亚和印度民众来说，这种鱼是一种重要的动物蛋白质来源。因此，太平洋科学大会建议国际社会在全球范围内搜寻它们的产卵地，进而实现大规模的养殖。但是，杀虫剂的施用给现有的虱目鱼塘造成了严重的损失。在喷药飞机驶过一个养殖了 12 万条虱目鱼的鱼塘后，尽管养殖户拼力往池塘里注水来稀释毒素，仍有一半多的鱼被毒死了。

1961 年，在得克萨斯州奥斯汀城外、科罗拉多河的下游，发生了近年来最严重的鱼类死亡事件。1 月 15 日（星期日）早晨，天刚亮，在奥斯汀新镇湖及其下游约 5 英里的河面上发现了死鱼。前一天还没有出现这种情况。到了周一，有报告说，河水下游 50 英里的地方也出现了死鱼。所以情况已经很清楚了：一些有毒物质正顺着河流向下游扩散。到了 1 月 21

日，在下游 100 英里处的拉格朗吉附近也出现了死鱼，一周后，这些毒物已经在奥斯汀下游 200 英里外的河道中疯狂肆虐了。在 1 月的最后一周，当局关闭了所有内河航道的水闸，以阻止毒素进入马塔戈达湾，并最终将其引入墨西哥湾中。

同时，奥斯汀市的调查人员注意到周围的环境中有一股氯丹和毒杀芬的气味。这种气味在一处排水管道附近尤其强烈。这条管道以前因工业废料出现过问题，当得克萨斯州渔猎委员会的人员沿湖追溯这种异味的源头时，他们发现一家化工厂的所有排放口包括进料管线都散发着类似六氯化苯的气味。这家化工厂主要生产 DDT、六氯化苯、氯丹、毒杀芬以及少量其他的杀虫剂。化工厂的负责人承认，最近有大量的药粉被冲进了排水管中。更使人震惊的是，他还承认杀虫剂的溢出物和残留物在过去 10 年中一直就是这样处理的。

通过进一步的调查，渔业局的人员还发现，雨水和清洁用水也可能把其他工厂的杀虫剂冲进排水管。这个发现补足了整个推理链条的最后一环：在整个水域发生鱼类死亡的前几天，为了清理水道中的沉积物，当地的整个泄洪排水系统被几百万加仑的高压水流冲洗过了。毫无疑问，这次冲刷把寄居在砾石和细沙中的杀虫剂带到了湖泊和河流里，后来河水中的化学实验证实了这一切。

致命的毒素顺着科罗拉多河漂流着，一路上裹挟着死亡的阴影。新镇湖下游140英里以内河段里的鱼几乎都死光了，人们用大网捞了一遍，想看看有没有幸存的鱼，结果一无所获。在1英里长的河岸边，人们发现了27种死去的鱼，总共约为1000磅，其中包括河中主要的垂钓鱼种叉尾鲶鱼，还有蓝鲶鱼、扁头鲶、大头鱼、太阳鱼（4种）、银鱼、鲦鱼、石磺鱼、大嘴鲈鱼、鲤鱼、胭脂鱼、吸口鱼，以及鳗鱼、雀鳝、鲤型亚口鱼、美洲真鰶、水牛鱼。这里面还包括一些河中的霸主，从体形上就能判断出它们存活了多年——很多扁头鲶体重超过25磅，据说当地居民在河边捡到过60磅重的，而据官方记载，有一条巨大的蓝鲶鱼重达84磅。

渔猎委员会预测，即使污染到此为止，这条河里鱼类的状况在很长时间里都难以得到改观。一些种类——那些只在某一区域生存的物种——可能永远都不能自行恢复，其他鱼类也只能依靠人工繁殖才能壮大起来。

奥斯汀市的鱼类灾难已经调查清楚了，但是事情远未结束。河水向下游蔓延200多英里后仍然有毒。人们认为，如果这些河水进入了马塔戈达湾水域，后果将不堪设想，因为那里有成片牡蛎和虾类的养殖场。于是，这些有毒河水被引入墨西哥湾的开放水域。毒素在那里会产生怎样的影响呢？其他河流的毒水汇入海湾又会引发怎样的后果呢？

目前，关于这些问题的回答还只是猜测，但是越来越多的人开始关心杀虫剂对河口、盐沼、海湾和其他水域的影响。这些水域不仅要容纳有毒的河水，有时为了控制蚊虫，还会遭到药剂的直接攻击。

杀虫剂对盐沼、河口以及海湾地区生物的影响，没有哪个地方比佛罗里达州东海岸的印第安河镇一带表现得更为直观了。1955年春天，为了消灭沙蝇幼虫，圣露西县在约2000英亩的盐沼上喷洒了狄氏剂，施用浓度约为每英亩1磅，对水生生物的影响却是灾难性的。佛罗里达州卫生委员会昆虫研究中心的科学家对喷药后的惨状进行了研究，并在报告中说，鱼类"彻底灭绝了"。海岸上到处都是死鱼。从空中可以看到，鲨鱼正在被这些垂死挣扎的鱼类吸引而来。所有的鱼类都无法逃脱，胭脂鱼、锯盖鱼、银鲈、食蚊鱼无一幸免。

调查组的两位科学家哈灵顿和比德林梅尔在报告中说：

除去印第安河沿岸，整个沼泽区被毒死的鱼至少有20～30吨，至少包括30个鱼种，数量大约为117.5万条。

软体动物似乎没有受到狄氏剂的影响，但本地的甲壳类生物全部灭绝了。水生螃蟹受到重创；招潮蟹几乎全部死亡，幸存的仅在漏掉喷药的小块沼泽中苟延残喘了一阵。

较大的垂钓鱼种和食用鱼种最先死去……螃蟹会爬到濒死的鱼儿身上大快朵颐，第二天就会跟着死去。蜗牛继续吞食鱼的尸体。两周后，遍地的鱼尸就彻底消失了。

赫伯特·米尔斯博士在佛罗里达州对岸的坦帕湾进行观察后，描绘了同样的悲惨画面。全美奥杜邦协会在坦帕湾建立了一个鸟类保护区，其中包括威斯奇斯坦普礁岛。具有讽刺意味的是，在当地卫生部门开展了消灭盐沼蚊的行动后，整个保护区就变成了一个可怜的避难所。在这个例子中，鱼类和螃蟹又成了主要的受害者。招潮蟹体形较小，长着斑斓的外壳，在泥地或沙地成群爬过时，就像吃草的牛群一样对杀虫喷剂根本没有任何抵抗力。经过夏秋两季的连续喷药后（一些地区喷药多达16次），米尔斯博士这样总结道："目前，招潮蟹的数量正呈现锐减的态势。照今天（10月12日）这种潮汐和天气，本应该有10万只招潮蟹，但如今目力所及的范围内只发现了不到100只，而且非病即死，它们不停颤抖、抽搐，几乎失去了爬行能力。但是附近没有喷过杀虫剂的地方却有大量的招潮蟹。"

招潮蟹对于其所处的生态世界至关重要，因为它是众多动物的食物来源。沿海的浣熊以它们为食，像长嘴秧鸡、滨鸟这类栖居在沼泽的鸟类，还有偶然一至的海鸟也会捕杀它们。在新泽西州一个喷过DDT的盐沼里，笑鸥的数量在几周内就减少了85%，估计是喷药之后，鸟儿的食物不够了。招潮蟹在其他方面也发挥着重要作用——它们是重要的食腐动物，而且喜欢到处挖洞，有助于沼泽地的通风。此外，招潮蟹也给渔民带来了大量饵料。

招潮蟹并不是潮沼和河口地区唯一受杀虫剂威胁的生物，其他一些对人类更为重要的动物也面临着危险。切萨皮克湾和大西洋沿岸地区久负盛名的蓝蟹就是一个例子。这种蟹对杀虫剂十分敏感，所以溪流、水沟和潮沼里每喷洒一次农药就会杀死大量的蓝蟹。挥之不去的毒素不仅毒死了本地蟹，还杀死了从海里迁徙过来的螃蟹。有时候，中毒还可能有间接原因，跟印第安河附近沼泽地的情况一样，螃蟹吃了垂死的毒鱼，也很快会中毒而死。农药对龙虾的危害我们还知之甚少。要知道，它们与蓝蟹都属于节肢动物，有着相同的生理特征，因此可能会受到同样的影响。对石蟹等具备直接经济价值的甲壳类动物来说情况也是如此。

近岸水域——海湾、海峡、河口、潮汐沼泽，构成了一个最重要的生态单元，与各种鱼类、软体动物以及甲壳动物的生存命运都密切相关。一旦这些地方变得不适宜动物生存，这些海味将从我们的餐桌上永远消失。

即使是广布于沿海水域的鱼类，其中很多也要依赖近岸水域来产卵育苗。佛罗里达西海岸约三分之一的低地长满了茂密如迷宫的红树林，溪流与运河在林中蜿蜒而过，里面生存着数不清的海鲢幼鱼。在大西洋沿岸，岛屿和堤岸间的海湾浅滩像一条保护链，海鳟、黄鱼、斑鱼、石首鱼会在这里产卵。幼鱼孵出后随着潮汐穿过海湾，它们在克里塔克湾、帕姆利科湾、博格湾等食物充足的海湾和海峡里迅速成长。如果没有这些温暖、安全、食物丰富的育苗场，很多鱼类都是无法生存的。然而，我们却对周边沼泽地直接喷洒杀虫剂，允许它们通过河流入海，要知道，这些鱼苗比成鱼对化学毒物更加敏感。

幼虾也要依靠近海水域的育苗基地觅食和发育。这种数量丰富、分布广泛的生物支撑着大西洋南部和墨西哥湾地区的商业渔业。虽然成虾在海中产卵，但是幼虾会在几周大的时候前往河口和海湾蜕皮并不断成长。从5、6月份一直到秋天，它们会待在那里，以水底的腐屑为食。在整个近海生活期间，虾群的数量和捕虾活动都取决于河口水域的生态条件。

杀虫剂会对捕虾业和虾产品的市场供应构成威胁吗？美国商业渔业局最近所做的实验或许能够回答这个问题。刚过了幼年期的食用虾对杀虫剂的耐受性极低——浓度单位只能以 ppb（十亿分之一）衡量，而不是常用单位 ppm（百万分之一）。例如，在一次实验中，浓度仅为 15 ppb 的狄氏剂就毒死了半数的海虾。而其他化学药剂的毒性更强，对各种生物而言都极度致命的化学药剂异狄氏剂，只要 0.5 ppb 就足以杀死半数的海虾。

牡蛎和蛤蜊受到的农药威胁更加严重，它们的幼年阶段也同样最易中毒。这些贝类生活在从新英格兰到得克萨斯州的海湾、海峡和潮汐河的底部，以及太平洋海岸的荫蔽区域。虽然成年贝类不再迁徙，但是它们会把卵产在海洋中，在那里幼贝几周内就可以自由活动了。夏季，一条渔船只要拖着一张细孔的拖网出海，就会捕捉到各种浮游生物，此外就是一些极其细小、脆如玻璃的牡蛎和蛤蜊幼苗。这些透明的幼贝还不如一粒微尘大，成群地在水面游动，以微生物为食。如果海洋中的微生物消失了，它们就会饿死。然而，杀虫剂恰恰可以杀死大量的浮游生物。一些施用于草坪、耕地、路边，甚至是海岸沼泽的除草剂对浮游植物伤害极大，只需几十亿分之一的浓度就会对幼贝赖以为食的浮游生物产生巨大的影响。

脆弱的幼贝也会被水中微量的杀虫剂毒死。即使接触了少于致命的剂量，幼贝的生长发育也会被阻碍，最终走向死亡。这意味着杀虫剂延长了幼贝在危险的浮游生物世界中生活的时间，降低了它们发育成熟的概率。

对于成年软体动物而言，直接中毒的危险性较小，至少某些杀虫剂对它们而言是这样的。但是，这并不意味着它们就可以高枕无忧了。毒素会在牡蛎和蛤蜊的消化器官和身体组织中不断蓄积。人们吃这两种贝类时，经常会整个吞下，有时还会生吃。美国商业渔业局的菲利普·巴特勒博士打过一个不祥的比方：人类的处境可能与知更鸟一样可怜——知更鸟不是因为直接接触DDT死亡，而是吃了体内存有杀虫剂的蚯蚓才丧命的。

虽然，昆虫防治项目直接造成河流或者池塘的鱼类和甲壳类动物突然死亡的后果已足以令人震惊，但那些随着河流、小溪进入河口的杀虫剂造成的灾难或许更加神秘莫测、难以估量。整个事件仍然充满了各种谜题，人们目前尚未找到满意的答案。我们只知道农田和森林里含有农药成分的地表径流将汇聚到江河之中，最后奔入海洋。但是，我们并不知晓这些化学物质的种类有多少，数量有多大。一旦化学药品进入海洋就会被高度稀释，目前我们还没有可靠的方法在这种状态下检测它们的种类。虽然我们知道化学药品在漫长的旅途中肯定发生了变化，但是我们并不知道它们毒性是变强了，还是减弱了。另一个亟待探索的问题就是化学品之间的反应，当它们进入各种矿物质激荡混杂的海洋中时，这一问题就显得尤为紧迫。所有这些问题都急需开展全面、详细的研究找出准确的答案，然而可笑的是，这方面的研究经费却少得可怜。

淡水和海洋渔业关乎无数人的利益和福祉，其重要性不言而喻。毫无疑问，当化学物质进入水体，它们所遭受的威胁是严重的。如果能从每年研发强毒药剂的经费中拿出一小部分用于建设性的研究，我们就能找到如何开发低毒农药、如何从水体中清除毒物的方法。只是，公众要到什么时候才会认清事实，主动呼吁这样的行动呢？

第十章　祸从天降

　　起初，在农田和森林上空的喷药规模很小，但后来范围一直在扩大，用药量也不断增加，一位英国生物学家把它称为"死亡之雨"。我们看待毒素的态度已经发生了微妙的变化：从前，人们会把这些化学品装在印有骷髅标志的容器里，也会注明它们仅限于敌害目标，严禁滥用。随着新型有机杀虫剂的问世，加上第二次世界大战后飞机过剩，这些注意事项都被抛到了九霄云外。现在的化学品远比从前危险，但人们却肆无忌惮地把它们从空中洒下来，着实令人震惊。农药所及之处，不仅是目标害虫或植物，包括人类在内的所有生物都会尝到毒药的恶果。要知道，农药的喷洒范围不仅限于森林和耕地，也覆盖了城市和乡镇。

　　现在，很多人开始对大规模的空中喷药行为产生担忧，20世纪50年代末的两场大规模喷药行动更是加重了人们的疑虑。这两次行动分别针对东北部各州的舞毒蛾和南部的火蚁。这两种昆虫都不是本地物种，但已在美国生存多年，并没有造成多大危害，所以本没有必要采用极端措施。然而，在农业部虫害防治部门"目的决定手段"的指导方针下，人类还是对这两种害虫展开了猛烈的攻击。

消灭舞毒蛾的行动让我们意识到，当轻率的、不计后果的行动纲领取代了局部的、有节制的防治计划后，会造成多么巨大的损失。针对火蚁的行动就是一个贸然行动的极端案例，在完全不知道灭虫所需剂量，也没弄清对其他生命可能造成何种影响的情况下，人们就鲁莽行动。结果，两次行动均以失败告终。

舞毒蛾本来在欧洲生活，进入美国已经有将近 100 年的时间了。1869 年，美国马萨诸塞州梅德福市的一位法国科学家利奥波德·特鲁维洛特在实验室里不小心把几只舞毒蛾放了出去，当时他正尝试将舞毒蛾与家蚕杂交。舞毒蛾渐渐在新英格兰地区扩散开来，其首要的扩散媒介是风——舞毒蛾幼虫非常轻，可以被吹到很远的地方。另一种途径则主要依靠植物携带大量过冬的虫卵进行传播。每年春天，舞毒蛾幼虫都会连续好几个星期持续破坏橡树和其他硬木的叶子，如今它们已经遍布整个新英格兰地区。新泽西州也零星出现过它们的踪迹，1911年，一批从荷兰运来的云杉树把它们带了进来。密歇根州也发现了舞毒蛾，不过目前还尚未得知它们是怎样进入的。1938年，新英格兰的飓风把舞毒蛾吹到了宾夕法尼亚州和纽约州。不过，阿迪朗达克山脉充当了它们的天然屏障，阻挡了它们西行的脚步，因为那里生长的树木不合它们的胃口。

人们已经用尽了各种方法，成功地把舞毒蛾限制在美国东北一角，而且自美国出现舞毒蛾之后的近100年里，并没有证据显示它们入侵了阿巴拉契亚山脉的硬木林，所以这样的担忧是多余的。美国从国外引进的13种寄生性昆虫和捕食性昆虫也已经在新英格兰地区蓬勃繁殖起来了，农业部十分认可这项引进计划的效果，认为这种方法成功地降低了舞毒蛾泛滥的频率和危害性。通过自然防治外加检疫手段和局部喷药相结合的方法，新英格兰地区在1955年实现了农业部对外宣传的"出色地限制了舞毒蛾的扩散和危害"。

然而仅仅过了一年，农业部植物害虫防治部门就开展了一项新计划，扬言要彻底"铲除"舞毒蛾，每年要给几百万英亩的土地喷药（"铲除"的意思是使一个物种在某个地方完全灭绝。然而，由于几次计划相继失败，农业部不得不再三地用到"铲除"这个词）。

农业部火力全开，对舞毒蛾展开规模庞大的化学战。1956年，农业部对宾夕法尼亚州、新泽西州、密歇根州和纽约州将近100万英亩土地进行了喷药处理。这些地区的人们纷纷抱怨农药造成的损害。随着大规模喷药模式的确立，环保人士也愈发担忧。1957 年，当农业部又宣布要对 300 万英亩的土地进行化学处理后，反对的声音更强烈了。面对人们的抱怨，州政府和联邦农业部的官员只是耸耸肩，认为这件事根本不值得大惊小怪。

1957 年，纽约州的长岛地区被划入喷药范围，这里有人口稠密的城镇和郊区，还有一些与盐沼毗邻的海岸地区。长岛地区的纳苏郡是本州除纽约市外人口最多的地区。当时这里四处流传的"纽约市已经被舞毒蛾侵袭"的说法被拿来作为喷药的论据，真是荒谬到了极点。因为舞毒蛾是一种森林昆虫，不会生活在城市中，而且它们也不会在牧场、耕地、花园或沼泽中生存。然而，1957 年，由美国农业部和纽约农业与商业部联合雇用的飞机还是把 DDT 不偏不倚地洒在了这里。蔬菜园、奶牛场、鱼塘、盐沼都被喷了药。飞机飞到郊区时，一名家庭主妇正急着把自家的花园遮上，而自己的衣服却被药剂淋湿了。杀虫剂还洒向正在玩耍的孩子们和候车的上班人群。在锡托基特，一匹优良的奎特马正在水槽边饮水，结果被飞机喷了个正着，10 个小时后就死了。汽车被喷得油渍斑斑，花儿和灌木丛也被毁了。鸟、鱼、蟹以及很多益虫都被统统杀死。

一群长岛市民在世界著名鸟类学家罗伯特·库什曼·墨菲的带领下，走上法庭，要求阻止喷药计划。第一次的上诉被驳回后，无奈的市民只能承受漫天飞舞的 DDT，但是他们仍坚持申诉，要求获得永久禁令。然而，由于喷药项目已经完成，因而法院判定市民的请求"毫无意义"。这件案子一直上诉到最高法院，均被拒绝审理。威廉姆·道格拉斯法官对法院拒绝复审的决定表示了强烈不满，他表示："许多专家和负责任的官员对 DDT 的危害发出警告，足见这一案件对民众的重要性。"

不过，长岛市民提起的诉讼至少使公众开始关注大规模使用杀虫剂的问题，并认识到了防治部门正在有意漠视和侵犯公民的个人财产权。

对很多人而言，消灭舞毒蛾的防治项目使牛奶和农产品受到污染是一个不幸的意外事件。纽约州威斯彻斯特县北部 200 英亩的沃勒农场的遭遇就让这个问题暴露在公众面前。沃勒夫人曾特别叮嘱农业部官员不要在她家的农场喷药，但是森林喷药项目根本不可能避开她的农场。她主动提出了一个办法：可以对农场进行检查，如果发现舞毒蛾，可以有针对性地对某些区域进行喷洒。虽然官员们再三向她保证不会喷到农场，但她的农场还是被直接喷洒了两次农药，还有两次被附近飘来的药剂侵袭。48 小时后，在沃勒农场格恩西纯种奶牛产下的牛奶中发现 DDT 浓度为 14 ppm。此外，野外的草料也受到了污染。尽管当地卫生部门知道了事情的经过，却并没有禁止牛奶的销售。这只是消费者权益缺少保护的一个典型案例，类似的情况不胜枚举。虽然食品药品监督管理局禁止含有杀虫剂残留的牛奶出售，但这项禁令并没有得到认真执行，而且该禁令只适用于州际交易。除非联邦法律与当地法律一致，否则州内以及郡县没有必要遵守这项规定，而地方法规确实鲜有这项规定。

当地的商品蔬菜园同样损失惨重。一些蔬菜的叶子上满是窟窿和斑点，因而难以出售。其他蔬菜则含有大量的农药残留——康奈尔大学农业实验中心在一个豌豆样品中发现了 DDT 浓度达到 14 ~ 22 ppm，而法律规定浓度最高值为 7 ppm。因此，菜农们要么蒙受了巨额损失，要么非法卖出了带有农药残留的农产品。还有部分菜农付诸法律，申请到了赔偿。

随着空中喷洒 DDT 的次数逐渐增多，法院接到的诉讼也不断增加，其中有一些是来自纽约州的养蜂户。在 1957 年之前，果园喷洒的 DDT 就已经给他们造成了巨大损失。一位养蜂户痛苦地说："在 1953 年前，我会把国家农业部和农学院的每个政策当作真理。"但同年 5 月，州政府对这里进行了大规模的农药喷洒后，这位养蜂户损失了 800 个蜂群。那次喷药涉及面广、后果严重，所以另外 14 个养蜂户和他一起状告了州政府，要求赔偿 25 万美元的损失。另一位失去了 400 个蜂群的农户报告说，在这片林区活动的工蜂（外出采蜜并传授花粉）一个不剩了，在另一片喷药较轻的农场，也有 50% 的工蜂被毒死了。这位养蜂人写道："5 月份的时候走进蜂园，却听不到嗡嗡的蜜蜂叫，真是让人难受死了。"

消灭舞毒蛾的计划中充斥着各种不负责任的行为。由于喷药佣金的结算不是根据喷洒的面积，而是根据施用的药量，所以飞行员们没有必要那么节省，很多地方被喷了不止一次药。空中作业合同常常被州外的公司拿下，他们并没有在本州注册，因此也没有明确的法律责任。在这种状况下，蒙受损失的人们也搞不清楚了，不知道到底应该起诉谁。

1957 年灾难性的喷药行动之后，这个项目被强行叫停，政府部门还发表了一份含糊的声明，称要"评估"过去的工作，并测试替代性杀虫剂的效果。1957 年的喷药面积为 350 万英亩；1958 年已经减少到 50 万英亩；1959 年到 1961 年，又降到了 10 万英亩。在此期间，昆虫防治部门一定为舞毒蛾在长岛的卷土重来颇感不安。昂贵的喷药计划本打算铲除它们，最后却适得其反，也使农业部失去了公众信任和良好信誉。

这时，农业部病害虫防治人员暂时把舞毒蛾抛在了脑后，转而在南部开展了另一项更宏大的计划，这一次他们雄心勃勃。"铲除"又一次出现在农业部发布的文件中——这一次，他们承诺要彻底消灭火蚁。

火蚁，因被其叮咬后会产生火焰灼烧般的刺痛而得名，它从南美经亚拉巴马州莫比尔港进入美国。第一次世界大战后不久，莫比尔港就发现了火蚁。到了1928年，火蚁已经扩散到了莫比尔郊区，然后继续蔓延，如今已经进入了美国南部大多数州郡。

自进入美国40多年来，火蚁好像从未引起人们的注意。只有在火蚁最多的州，人们才有点讨厌它们，这是因为它们会筑起1英尺多高的巢穴，会妨碍农机作业。只有两个州把它们列入了害虫名单，但都在名单底部。政府和个人都似乎觉得火蚁不会构成什么威胁。

随着各种剧毒化学药剂的研制，官方对火蚁的态度突然转变了。1957年，美国农业部发动了历史上最引人瞩目的宣传活动。官方媒体、电影镜头、政府报告都大肆宣扬火蚁的危害，说它杀死了南部的鸟类、牲畜和人类，将它们描绘成了破坏南方农业的罪魁祸首。于是，人类开始了声势浩大的防治计划，联邦政府将与深受其害的南方9州联合，对约2000万英亩土地进行喷药处理。在1958年消灭火蚁的行动正紧锣密鼓地开展时，一家商业杂志兴奋地报道说："农业部开展的大规模害虫清理计划正逐步增加，美国杀虫剂生产商必然将经历一次销售热潮。"

除了那些"销售热潮"的直接受益人外，这项计划被千夫所指，较之以往任何计划所受到的责难都有过之而无不及。因为这是一次想法拙劣、执行力差、有百害而无一利的失败之举，其结果是劳民伤财、残害生命，还使农业部失去了公众的信任。然而，令人不解的是，竟然还有源源不断的资金投入该计划之中。

那些最初赢得国会支持的说辞，最终变得如此让人嗤之以鼻。这次防治计划的负责人称，火蚁会破坏农作物，攻击地面上孵化的幼鸟，进而对南部农业构成严重威胁。还有人说，它们的叮咬会伤害人类。

这些说法真的合理吗？想得到拨款的农业部观察员所做的声明与农业部发表的重要文件的内容并不一致。1957 年，农业部印发的公报《杀虫剂推荐——控制昆虫、保护庄稼和牲畜》中并没有提到火蚁。如果这份公报确实是农业部发出的，那这个"遗漏"可着实不可思议。此外，1952 年农业部出版的《昆虫百科年鉴》，洋洋洒洒地写了 50 万字，却只有一小段提到了火蚁。

针对农业部宣称火蚁毁坏庄稼、攻击牲畜的无端指责，与火蚁打过多年交道的亚拉巴马州农业实验中心经过仔细研究得出了相反的结论。据亚拉巴马州的科学家说："很少见到火蚁会毁坏植物。"艾伦特博士是亚拉巴马州理工学院的昆虫学家，在 1961 年开始担任美国昆虫协会主席，他说他们"在过去 5 年没有收到一个火蚁破坏植物的报告……也没有发现牲畜受到火蚁伤害"。这些专家通过实地观察和实验室研究得出结论，火蚁主要以其他昆虫为食，其中很多对人类来说是害虫。有人还观察到，火蚁会吃掉棉花上的棉铃象甲幼虫。它们堆土筑巢的行为也会使土壤空气畅通，促进排水。密西西比州立大学所做的调查有力地支持了亚拉巴马州实验中心的研究结论，而且远比农业部的证据更令人信服，因为后者仅仅根据以往经验或对农民的访谈而得出结论，而农民经常把不同种类的蚂蚁搞混。一些昆虫学家更是直言，随着火蚁的数量增加，其生活习性也会有所改变，因此几十年前的观察结果几乎没有任何价值可言。

同样，火蚁威胁人类健康和生命的观点也是杜撰的。在一部农业部赞助的宣传电影中（旨在为防治计划争取支持），围绕火蚁的刺炮制了很多恐怖的镜头。诚然，被火蚁刺到会很痛苦，人们也经常收到提醒说尽量不要被火蚁刺到，就像要当心黄蜂和蜜蜂一样。个别敏感的人被刺后偶尔还会发生严重反应，医学文献中也确实记载了可能是由火蚁毒液引起的一起死亡案例，但是最终并未得到明确的证实。相比较而言，人口统计局仅在 1959 年一年，就记录了 33 人因被蜜蜂和黄蜂蜇到而死亡的案例。但是，并没有人建议要"铲除"这些昆虫。

同时，只有从火蚁栖息的地区搜集而来的证据才最具说服力。虽然火蚁已经在亚拉巴马州生存了40多年，而且数量最多，但是当地卫生官员称："从没有人类因为火蚁叮咬而死的记录。"他认为，火蚁叮咬引起的病例也是"偶然"的。火蚁在草坪或者操场筑巢，孩子们可能会被叮到，但这绝不是给数百万英亩土地喷洒农药的理由。只要针对性地处理一些火蚁巢穴就可以轻而易举地解决问题。

火蚁危害鸟类的言论也是毫无根据的。亚拉巴马州奥本野生动物研究中心主任莫里斯·贝克博士在这方面最有发言权，他在这一地区工作多年，经验丰富。贝克博士的观点与农业部的看法截然相反，他明确表示："在亚拉巴马州南部和佛罗里达州西北部一直都有很多猎物，而且美洲鹑能与大量的火蚁共存于此……自亚拉巴马州南部发现火蚁的40年以来，鸟类的数量呈稳定增长的趋势。如果火蚁严重危害野生动物的话，这样的事是不会发生的。"

然而，用来对付火蚁的杀虫剂会对野生动物造成怎样的影响则另当别论。狄氏剂和七氯都是新型的化学药剂，这两种农药之前并没有在野外使用过，更没有人知道大规模喷洒会对鸟类、鱼类以及哺乳动物产生什么影响。当时，政府了解到的信息只是两种药剂的毒性都比DDT强很多倍，而那时，DDT已经使用了将近10年的时间，即使是每英亩1磅的剂量就能够毒死很多鸟类和鱼类。但是狄氏剂和七氯的施用量一般都高于这个数字，大部分情况下为每英亩2磅，如果还要防治白缘甲虫的话，狄氏剂的施用剂量则是每英亩3磅。如果以对鸟类的毒性来衡量，那么七氯的规定剂量相当于在每英亩土地上施用20磅的DDT，而狄氏剂浓度则相当于120磅的DDT！

许多州的环保部门、国家环保机构、生态学者以及一些昆虫学家都发出了紧急抗议，要求时任美国农业部部长伊拉斯·本森推迟这个计划，至少要先搞清七氯和狄氏剂对野生动物和家畜的影响，并掌握控制火蚁所需的最小农药剂量。有关部门完全无视这些抗议，喷药计划于1958年如期开展。第一年，就有100万英亩土地进行了农药喷洒。很明显，此时任何研究都为时已晚了。

随着喷药行动的继续，州级和联邦的野生动物研究机构的生物学家以及一些大学所做的研究逐渐揭示出了真相。研究结果显示，在某些喷药区域，野生动物均受到了不同程度的影响，有的甚至灭绝了。很多家禽、牲畜和宠物也被毒死了。然而，农业部始终以伤亡报告"夸大其词"和"误导公众"为由，对化学药剂造成的灾难视而不见、充耳不闻。

然而，事实的证据还是不断累积。在得克萨斯州哈丁镇，负鼠、犰狳以及大量浣熊在喷药之后几乎全部消失。即使在喷药过后的第二年秋天，这些动物也难以见到，而且研究人员在幸存下来的几只浣熊体内也检测出了化学农药的残留。

人们对喷药地区的死鸟进行了化学检测，确定它们也吸收或食用了对付火蚁的药剂（当地唯一幸存的鸟类是麻雀，其他地区的情况也证明它们的免疫力较强）。1959 年，亚拉巴马州的一大片土地喷洒了灭蚁的农药，一半的鸟儿都被杀死了，而那些喜欢在地面活动或经常在低矮植被间活动的鸟类更是全部死亡。即使在喷药一年后，当地还是不见鸣禽的踪迹，春天依旧一片死寂，很多适合筑巢的地区都异常安静。在得克萨斯州，鸟巢附近发现了死去的黑鹂、美洲雀和百灵鸟，很多鸟巢都荒废着。得克萨斯州、路易斯安那州、亚拉巴马州、佐治亚州和佛罗里达州将发现的死鸟送到了鱼类和野生动物管理局，经分析后发现有 90% 的鸟类体内含有狄氏剂或七氯的残留，浓度高达 38 ppm。

繁殖于北方的山鹬会在路易斯安那州过冬，如今它们体内也已经发现了用于消灭火蚁的化学药剂残留。原因非常明显，山鹬主要以蚯蚓为食，它总是用长长的喙在土壤中找寻食物。喷药 6 ～ 10 个月后，路易斯安那州幸存的蚯蚓体内七氯的浓度高达 20 ppm；一年之后，其浓度残留仍有 10 ppm。山鹬体内的杀虫剂浓度虽不足以致死，但毒素侵蚀的严重后果已经初见端倪——山鹬的生育率在火蚁防治项目结束后的 3 个月中下降得非常严重。

北美鹑种群规模的骤减最令南方狩猎者苦恼。在喷过农药的地方，这种于地面筑巢、觅食的鸟儿几乎灭绝。例如，亚拉巴马州的野生动物联合研究中心的生物学家对计划喷药的 3600 英亩土地做了初步的摸底统计，发现该地区生活着 13 个鸟群，共 121 只北美鹑。喷药两周后，目之所及都是死鹑。所有被送到鱼类和野生动物管理局的死鸟样本体内都检测出了致死剂量的杀虫剂。得克萨斯州发生的悲剧简直就是这里的翻版，在一片喷洒过农药的 2500 英亩的土地上，所有的鹌鹑都死了。除了鹌鹑，90% 的鸣禽也死于非命，它们的体内都检测出了七氯的残留。

除了北美鹑，野火鸡的数量也因灭蚁计划严重萎缩。在喷洒七氯之前，亚拉巴马州威尔考克斯县有 80 只野火鸡，但是喷药之后的那年夏天，一只也找不到了——只剩下一窝未孵化的蛋和一只死了的小火鸡。家养火鸡与野火鸡的命运一样，在喷药地区的农场里，家养火鸡的下蛋数量也很少。只有极少的火鸡蛋可以孵化成功，但几乎没有小鸡最终存活下来。而附近未喷药的地区却没有出现这种情况。

火鸡的命运绝不是个案。美国备受尊敬的野生动物学家克莱伦斯·科塔姆博士走访了一些农户。农民们反映，喷药后所有的小鸟都消失了。除此之外，很多农民还报告说，自己的牲畜、家禽和宠物也遭到了伤害。科塔姆博士还记录了这样一件事情:"有位农夫对喷药人员尤为气愤。他说曾亲手埋葬或用其他方法处理了19头中毒而死的奶牛。他还知道,另外三四头牛也是因农药中毒而死的,就连那些出生后只会吃奶的小牛犊也死了。"

科塔姆走访过的农户还为接下来几个月内发生的事情困惑不解。一名妇女告诉他,喷药后她养了几只母鸡,"但是莫名其妙的是,没有小鸡孵出来或者存活下来"。另一名农夫养了一些猪,"喷药9个月后,就没有养大一只小猪。小猪崽要么一出生就是死的,要么出生后没几天就死了"。另一名养殖户也报告说,正常情况下37窝里应该有250头猪崽,结果仅有31只活了下来。他还说,喷药之后,几乎再也无法养鸡。

农业部一直在否认牲畜死亡与灭蚁计划有关。佐治亚州班布里奇市的一名兽医奥迪斯·波特维特博士医治过许多中毒的动物,他以其丰富的经验总结出了杀虫剂导致牲畜死亡的原因:火蚁防治项目实施的两周至几个月内,牛、羊、马、鸡、鸟以及其他野生动物都患上了一种致命的神经系统疾病。然而,这种疾病只发生在接触了有毒的食物或水源的动物身上,圈养的动物并没有受到影响。波特维特博士与其他兽医观察到的症状与权威资料中所述狄氏剂或七氯中毒的症状完全一样。

波特维特博士还描述了一个两个月大的牛犊出现七氯中毒的有趣情节。在对牛犊进行了彻底的检查后,他发现其脂肪内存在浓度为 79 ppm 的七氯。但是，此时距喷药结束已经 5 个月了。牛犊是因为吃了有毒的草叶而中毒，间接从母乳那里吸收了毒素而中毒，又或者在胚胎里就已经中毒了呢？波特维特博士接着问道："如果毒素藏在母牛的乳汁中，那么我们为什么不采取预防措施保护孩子们呢？他们喝的可都是当地的牛奶啊！"

波特维特博士的报告第一次提出了牛奶污染这一重要议题。灭蚁计划的主要地区是原野和农田。在这些地方吃草的奶牛又如何能免于被农药伤害呢？喷药地区的草上一定会有某种形式的七氯残留，如果牛吃了这些草，毒素就一定会进入牛奶中。1955 年，在火蚁防治计划实行之前，就有实验证明七氯可以通过某种方式直接侵入牛奶，后来狄氏剂的实验结果也一样，而这两种药都已用在了灭蚁计划中。

如今，美国农业部每年出版的公开文件已经把七氯和狄氏剂列入了"不宜施用于奶业和屠宰业的饲料植物"的化学药品名单。但是，防治部门还是在南部牧场大片的土地喷洒了这两种药剂。谁敢向消费者保证牛奶里不会有狄氏剂或七氯的残留物呢？农业部一定会这样说，他们已经告诫农民，至少 30 ~ 90 天内不要让奶牛进入喷药区域。考虑到很多农场都很小，而防治规模又如此之大（大多防控项目采用飞机作业），所以这种建议是否得到落实都十分可疑。即使从药物残留的持久性来看，"30 ~ 90 天"也远远不够。

虽然美国食品药品监督管理局严禁牛奶中出现农药残留，但他们的权力有限。在防治计划内的大部分州县，乳制品行业规模都很小，他们的产品一般都会在州内销售。因此，保护牛奶供应品质不受联邦喷药计划的影响就成为州政府的责任了。1959 年，亚拉巴马州、路易斯安那州以及得克萨斯州的卫生部门或有关人员接受了一次调查，结果显示，他们并没有进行任何监督检测，因此牛奶是否受到污染也不得而知。

与此同时，在灭蚁计划推行后，人们才开始针对七氯的特性进行部门研究。更确切地说，总算有人查阅了之前的研究成果。其实，如今促使联邦政府亡羊补牢的某些事实信息，早在几年前就有人发现过，而且本该影响到最初的火蚁防控计划。这个信息就是七氯在动植物组织或土壤中滞留一段时间后，会转变为另一种毒性更强的物质——环氧七氯（一般认为，它是七氯经风化作用而产生的氧化物）。自 1952 年起，人们就知道存在这种转化的可能，当时食品药品监督管理局发现，雌鼠摄入浓度为 30 ppm 七氯仅两周，其体内就会产生 165 ppm 的环氧七氯。

1959 年，这些真相终于不再被当作冷僻的生物学文献而为人们所知。于是，食品药品监督管理局果断颁布规定，严禁所有食品含有七氯或其环氧化物残留。这一法令暂时性地让喷药计划得以降温。虽然农业部要求继续为灭蚁计划拨款，但是地方农业机构不再建议农民使用杀虫剂，因为一经使用，他们的农作物就可能无法出售。

简单说来，农业部根本没有对所推广使用的农药做基本的调查就力推喷药计划，即使进行过调查，也存在有意忽视调查结果之嫌。农业部也没有提前做实验来确定农药施用的最小剂量。持续三年的大剂量喷药后，他们突然在 1959 年把七氯的剂量从每英亩 2 磅降至 1.25 磅，之后又降到每英亩 0.5 磅，而且还分为两次施用，每次每英亩 0.25 磅，两次喷药需间隔 3 ~ 6 个月。农业部的一名官员解释道，这是"一项积极的改进计划"，因为小剂量施药依旧有效。如果人们在喷药之前就知晓了这样的信息，就可以避免大量不必要的损失，也可以节省纳税人的大笔资金。

可能是为了平息越来越多的不满，从 1959 年开始，农业部开始为得克萨斯州农场主免费提供药剂，但是要求他们签写一份声明——如果施药后造成损失，不会追究联邦机构、州政府和当地政府的责任。同一年，施用化学药品给当地带来的损失令亚拉巴马州政府深感震惊和愤怒，决定不再为这项计划拨款。一名当地官员将整个计划描述为"愚蠢、草率、拙劣的行动，而且这种恣意妄为是对其他公共机构和私人权利的践踏"。虽然失去了州政府的财政支持，联邦资金仍源源不断地流入亚拉巴马州——1961 年，州立法机构又被说服，同意拨出一小笔资金。与此同时，因为灭蚁药剂引发了甘蔗害虫的大量繁殖，路易斯安那州的农民不愿意再接受喷药计划了。而最令人沮丧的是，喷药计划没有取得任何效果。1962 年春天，路易斯安那州立大学农业实验站昆虫研究室主任纽森博士对喷药计划的惨淡收场做了简要概括："州政府和联邦机构联合展开的'铲除'火蚁计划是一次彻底的失败。现在，路易斯安那州的虫害面积反而较计划实施之前扩大了。"

一种更理智、更稳妥的防治趋势似乎已经开始。佛罗里达州政府报告说："如今佛罗里达州的火蚁数量比'铲除'计划开始前还要多。"因此，他们宣布放弃一直以来采取的防治计划，转而致力于小范围的局部防控。

廉价有效的局部控制方法本已存在多年。火蚁有堆土筑巢的习惯，针对单个巢穴进行喷药处理特别容易，这种方法的防治成本为每英亩 1 美元。火蚁数目巨大的地方，可以采取机械化处理——密西西比农业实验站研制出了一种耕田机，人类可以先使用它推平火蚁的巢穴，然后往里面直接注入杀虫剂，为蚁堆较多且需要机械作业的地区提供了便利。这种方法可以消灭 90% ~ 95% 的火蚁，每英亩的成本仅 0.23 美元。相比之下，农业部大规模的防治计划每英亩的成本却是 3.5 美元——费用最高、危害最大，效果奇差无比。

第十一章　超乎波吉亚家族的想象

地球的污染不只是大规模喷洒农药问题。事实上，对大多数人而言，日复一日、年复一年地与无数小剂量药剂的直接接触更令人担忧。水滴石穿，人类从生到死的过程中持续与化学药品接触将导致灾难性的后果。反复接触化学药剂，即使剂量很微小，也会使化学毒素在我们体内逐渐积累，进而导致慢性中毒。没人能避免与不断扩散的化学污染物接触，除非他生活在与世隔绝的地方。受到潜移默化的广告效应的影响和巧舌如簧的商人的劝诱，普通人很难觉察到自己身边已经充满了有毒的致命物质，的确，他们甚至都很可能不知道自己正在使用这些物质。

毒药时代已经彻底到来，任何人进入一家农药店，随便挑选一些化学物质，其所具备的毒性都比药店的药品强，只不过在药店还需要在"登记表"上签字。在任何一家超市调查几分钟，就足以令最勇敢的顾客胆寒——如果他对眼前的化学药品具备一些基本常识的话。

如果售卖杀虫剂区域的上方悬挂一个骷髅图案，顾客进入商店的时候就会小心一点。但是，我们所见到的画面是令人舒适愉快的，一排排杀虫剂整齐地摆放在货架上，在过道另一侧的货架上就放着腌菜和橄榄，附近还摆放着洗澡和洗衣服用的肥皂。盛放化学药剂的玻璃容器很容易被小孩够到。如果孩子或者大人不小心把容器碰到了地上，农药极可能溅到附近人的身上引起中毒，就跟喷药作业人员一样会发生抽搐，甚至死亡。很自然地，这些危险会随着顾客进入他们的家中。比如，一小罐防蛀材料上会用极小的字体来印刷警告标语，提醒本产品是经高压填装，加热或遇到明火可能会引起爆炸。氯丹是厨房里广泛使用的一种常见家用杀虫剂，而食品药品监督管理局的首席药物学家已经宣布，在喷洒了氯丹的屋子里居住是"非常危险的"。而其他一些家用化学制剂中甚至含有毒性更强的狄氏剂。

厨房杀虫剂外观好看，使用也很方便。橱柜垫纸有白色的，也有其他颜色可供挑选，然而我们不知道这种纸可能已经被杀虫剂双面浸透过了。生产厂家为我们提供一个自助除虫手册，只要轻轻一按，就可以轻而易举地把狄氏剂喷到够不着的柜橱、墙根和防撞板等不易清扫的角落和缝隙中去。

如果我们被蚊子、恙螨或其他害虫困扰，可以选择各种乳膏、驱虫霜和喷剂，洒在衣服上或者涂在身上。尽管我们已经听过那些警告（有些杀虫剂可以溶于颜料、油漆和混合纤维），却想当然地认为人类的皮肤就像铜墙铁壁，是无法渗透的。为了让灭虫更加方便，纽约的一家专营店推出了一种袖珍喷雾器，可以放在钱包、沙滩包、高尔夫球具和渔具里。

我们可以在地板上涂上一种药蜡，用以杀死所有路过的昆虫。我们还可以在柜橱和衣服袋里挂上浸过林丹的布条，或者把布条放进抽屉里，半年之内绝不会有蛀虫。而农药商却没有提到林丹是一种危险的化学药品，林丹气雾机也没有在广告中说明它的毒性——只说这种设备安全、无异味。实际上，美国医学会认为林丹气雾机是一种危险设备，并在他们的刊物上发起过抵制它的一项抗议活动。

美国农业部在《家居与园艺通讯》这一刊物上建议人们使用DDT、狄氏剂、氯丹或其他杀虫剂处理衣物。农业部还宣称，如果喷洒过度，衣物上留下了杀虫剂的白斑，人们用小刷子就能刷掉它，但他们却没有告诉我们应该在什么地方刷和怎样刷。到了傍晚，我们依旧以杀虫剂结束一天的生活，因为我们盖的毛毯也用狄氏剂浸染过了。

现在，园艺也与剧毒物质密不可分了。在每个五金店、园艺用品店和超市都有成排的杀虫剂出售，可以满足各种园艺之需。所有报纸的园艺版面和大部分园艺杂志都认为使用这些药剂是理所当然的，以至于如果摆弄花草的人不愿使用化学药剂，反倒显得自己不够专业了。

快速致死的有机磷杀虫剂也被广泛应用于草坪和观赏植物。1960 年，佛罗里达州卫生委员会发布禁令，任何人没有获得许可（未达到某些要求）都不准在住宅区使用杀虫剂。但在发布禁令之前，佛罗里达州已经出现了一些对硫磷中毒致死的案例。

然而，没有人提醒园艺工人和住户，他们正在使用极其危险的化学品。相反，市场上接二连三地出现了很多新设备，使得在草坪和花园里喷洒药剂更加便捷，同时也增加了料理花草的人跟化品接触的概率。比如，人们可以在塑料水管上外加一个罐装设备，在浇灌草坪的时候，同时可以喷洒氯丹或狄氏剂等危险化学品。这样的设备不仅会危害到拿着水管的人，还会危及他人。《纽约时报》认为有必要在其园艺版面上刊登一个注意事项，以提醒人们使用保护装置，否则毒素会因为反虹吸作用进入供水系统。鉴于喷药设备的广泛使用，而相应的警示又是如此匮乏，我们还有必要对公共水源的污染感到疑惑吗？

为了了解园艺爱好者身上会发生什么事情，我们来看一下下面这个例子：一个医生，同时也是一个热情的业余园艺师。

起初，他在自家的灌木和草坪上使用DDT，后来使用了马拉硫磷，而且每周都要喷药。有时候，他会手持喷壶，有时候在塑料水管上加上一个设备，药雾常常落在他的皮肤和衣服上。就这样，大约一年后，他突然病倒住院了。医生检查了他的脂肪活体样本后，发现了23ppm的DDT残留。他的神经系统严重受损，主治医生说这可能是永久性的伤害。随着时间的推移，他变得瘦骨嶙峋、疲惫不堪、肌肉无力，这就是马拉硫磷中毒的典型症状。由于这些持续性的严重症状，他已经无法行医了。

除了曾经安全的花园水管外，割草机也安装了喷药设备，当房主割草的时候，这种设备就会喷出一阵阵烟雾。所以，除了具有潜在危险的汽车尾气之外，空气中又增添了密集均匀的杀虫剂颗粒。郊区居民如此放心大胆地使用这种割草机，大大增加了他周围的空气污染，甚至污染的程度超过了市中心地区。

然而，没有人提及园艺或居家使用杀虫剂的危害——标签上的字体小到难以辨认，很少有人去看或者照做。最近，美国的一家公司做了一项调查，希望确认一下多少人会看化学药剂的使用说明。他们的调查结果显示，使用杀虫剂喷雾或者喷剂的每100人里，不超过15个人会看包装上的警告。

现在的郊区居民还有一种习惯，就是要不惜一切代价铲除马唐草。摆在庭院里的化学除草剂几乎成了一种地位的象征。单从各种除草剂的品牌名称上根本看不出它们的种类和特性。要想知道它们的成分，你必须仔细寻找包装上不起眼的小号字体。五金店或园艺用品店里的产品说明书很少涉及处理这些化学品和使用过程中的危害。相反，这类产品的常见广告呈现的是一个欢乐的场面，爸爸和儿子笑着准备给草坪喷药，孩子和小狗在草地上欢快地打滚儿。

食品中的化学残留是一个热点问题。然而这个问题要么被生产厂家轻描淡写地蒙混过关，要么遭到断然否认。同时，社会中还存在一种强烈的倾向——给那些"无理取闹"地要求不准在食物上喷洒杀虫剂的人们，扣上"激进分子"或者"邪教暴徒"的帽子。在这些争论的迷雾中，真相到底是什么样的呢？

现代医学已经证实，在DDT到来之前（1942年）出生或者死亡的人体内，是不含DDT及类似药剂的。正如第三章所提到的，从1954年到1956年提取的人体脂肪组织样品中含有浓度为5.3～7.4 ppm的DDT。已有证据表明，DDT残留的平均水平已经稳步上升到了新的数值，而那些因职业或者其他特殊因素较多接触杀虫剂的人群体内残留浓度更高。

没有直接接触杀虫剂的普通人，其体内的DDT可能来自于食物。为了验证这个假设，美国公共卫生署的一个科学工作组对饭店和食堂的食物进行了调查。结果每种食品都含有DDT。由此，调查者有充足的理由相信，"几乎没有完全不含DDT的食物"。

有些饭菜DDT的含量高得惊人。在公共卫生署的一项独立研究中，对监狱饭菜的分析表明，像炖干果这类饭菜中的DDT浓度为69.6 ppm，面包里的DDT浓度为100.9 ppm！在普通家庭的饮食中，肉类和动物脂肪制品中氯化烃的含量最高。因为这些化学毒素溶解于脂肪，水果和蔬菜中DDT的残留相对较少，但只要有残留的话，则是无法洗掉的，唯一的办法就是剥去生菜、卷心菜这类蔬菜的外层叶子，然后扔掉；要是水果的话，就要削去外皮，果皮和外壳也要丢掉。烹调是不能破坏或分解化学药物残留的。

美国食品药品监督管理局已明文规定，牛奶等几种食品中禁止含有杀虫剂残留。但实际上，只要检验必定会发现残留。黄油和其他奶制品的残留量最高。1960年，检测人员对461种这类产品检测后发现，三分之一产品都有药物残留。对此，食品药品监督管理局总结说情况"很不乐观"。

如果一个人想要找到不含DDT及其相关化学品的食物，他必须得去到一个遥远偏僻、简单原始、尚无发达设施的地方。这种地方虽然极少，但还是有的，比如阿拉斯加的北极沿海地带——即使在这里，也能发现污染正悄悄逼近。科学家发现，当地因纽特人的本地食物中不含杀虫剂。无论是鲜鱼、干鱼，还是海狸、白鲸、驯鹿、麋鹿、海豹、北极熊、海象身上的脂肪或油脂，抑或是蔓越莓、美莓、野大黄等植物，都没有受到污染。唯一例外的是，来自波音特霍普市的两只白猫头鹰体内检测出了少量的DDT，可能是它们在迁徙的过程中摄入的。

科学家在对一些因纽特人身体脂肪取样检测后也发现了少量的 DDT 残留（0~1.9 ppm 之间）。原因很明显，脂肪样品取自那些离开居住地、前往安克雷奇市的美国公共卫生署下属医院做过手术的人们。在那里，到处充斥着现代文明的生活方式，医院的食物含有的 DDT 浓度与人口稠密的城市不相上下。这些人只是短暂的逗留而已，带走的礼物却是入侵到体内的毒素。

事实上，我们吃的每顿饭都含有一定量的氯化烃，这是不可避免的，因为对农作物铺天盖地地喷药必然会导致这样的结果。假如农民严格按照用药说明来使用的话，药物残留一般不会超出规定范围，暂且不论残留标准安全与否，如今很明显的一点是，农民的用药剂量经常会超出规定很多。他们还会在临近收获的时候继续喷药，而且在喷洒一种药剂就可以达到消杀效果的情况下，他们常常连用药说明也懒得看一下就会使用多种药剂。

其实那些化工企业也发现了杀虫剂经常出现误用的情况，

他们也认为有必要对农民进行培训。业内一份领先的刊物近来就表示："很多用户不知道，如果超量用药，就会导致农药残留超出容许值。农户们经常'心血来潮'，向农作物随意喷药，这是极为危险的行为。"

食品药品监督管理局的档案里记载过很多类似的例子。随便举几个例子就能形象地描绘出农民对药剂使用说明的漠视：在生菜将要收获的时候，一名农民在地里使用了8种不同的杀虫剂；一名运货商在一批芹菜上使用了5倍于最大建议剂量的对硫磷；尽管药物残留受到禁止，种植户仍在生菜上使用了异狄氏剂（毒性最强的氯化烃类农药）；菠菜成熟前一周又被个别的农民喷洒了DDT。

也有一些污染的发生是偶然和意外。例如，一艘轮船上用麻袋装着的绿咖啡被农药污染了，原因是这条船上还装有一批杀虫剂；仓库里密封好的食品可能受到DDT、林丹以及其他杀虫剂的污染，因为杀虫剂的悬浮颗粒会穿透包装材料，从而大量进入食品内部。食品储藏时间越久，受污染的可能性就越大。

有人会问："难道政府不会保护我们吗？"可惜政府能做的事情也是有限的。美国食品药品监督管理局在保护人民安全方面受到两个因素的限制：第一个原因是，该局只对州际交易的食品拥有管辖权，各州州内生产和销售的食品不在其管辖范围，因而它对于此类违法行为有心无力；第二个原因是，该局的监察人员太少，只有不到 600 人。据食品药品监督管理局的一名官员说，在现有设备下，只有很小一部分（不到1%）的州际贸易农产品能够得到检查，但这在统计学上没有任何意义。至于州内食品的生产和销售，状况就更加糟糕了，因为大部分州在这方面的法律并不健全。

食品药品监督管理局设立的污染管理体系也存在明显的缺陷，因为它设置的最大容许标准就有问题。在当前条件下，它只是一纸空文，并造成一种假象——安全限度已经确立并得到有效执行。至于允许食物含有少量的农药残留究竟安不安全（这种食物里有一点，那种食物里有一点），很多人都提出了充分的反对理由，他们认为食物中但凡存在毒素，就是不安全的，因为他们不想接受任何一点的毒素残留。为了设定一个最大限度，食品药品监督管理局会查阅动物的药物实验结果，进而确立一个污染最大值，这一数值要远低于引发受验动物发病的剂量。这一系统看似能够保证安全，实则忽略了很多重要的因素。实验动物是在人为的控制下摄入一定剂量化学品，而人类与化学品的接触则是重复的，并且大部分情况是未知的、无法测量的，也是不可控制的。即使宴会上沙拉中生菜的DDT残留 7 ppm 是安全的，但这顿饭还包括其他食物，每一种都带有一定剂量的农药残留。而且，如我们所知，食物中的杀虫剂只是人类接触到的化学品的一小部分。从各种渠道获取的化学物质叠加在一起，其总量是人类无法估算的。因此，单独讨论某种农药残留的"安全性"没有任何意义。

另外还存在一些问题。容许值标准有时背离了食品药品监督管理局科学家的正确判断（后文会提到相关案例），或者说，它是在缺乏对某种化学药品特性了解的情况下确定的。之后由于得到了更准确的信息，科学家们会降低限值或者将其撤销，但此时，公众已经被迫接触危险剂量的化学药品几个月或者几年了，之前就有一个关于七氯的限值被取消了，变成了"零容许"。有些化学品甚至没有进行野外实验，就开始登记使用了。所以，检查人员很难发现它们的残留。比如，这一问题就严重阻碍了"蔓越莓药剂"——氨基三唑的检测。用来处理种子的杀菌剂也缺少相关分析的检测方法——如果这些种子在播种期间用不完的话，很可能会摆上人们的餐桌。

实际上，确立容许值就意味着政府是允许公共食品中含有有毒化学品，如此一来，农民和加工企业的生产成本就会降低，而消费者却只能照章纳税，供养一个监察机构来保证自己不会因摄入致命剂量的农药而中毒。但是鉴于目前农药的施用量和可怖毒性，监察工作如果想要做到位就需要投入大量的资金，任何议员都不敢拨付如此巨额的款项。最后的结果只能是，不幸的消费者缴纳了税费，但还是无法避开饮食中的农药残留。

那么，有解决的办法吗？首先要做的就是，废除氯化烃、有机磷以及其他强毒化学品的最大限值。这个提议会立刻遭到有些人的反对，说这会加重农民的负担。如果政府能把各种水果和蔬菜上的 DDT 残留成功地控制在 7 ppm，把对硫磷的残留控制在 1 ppm，或者把狄氏剂残留控制在 0.1 ppm，为什么不再加把劲儿完全消除残留呢？实际上，某些农作物上是不允许出现七氯、异狄氏剂、狄氏剂等任何一种化学药品残留的。如果这些规定能够实现的话，为什么不扩展至所有的农作物呢？

不过，或许废除容许值还不是一劳永逸的解决方案，因为纸面上的零容忍没有任何意义。正如我们所知，超过 99% 的州际食品运输可以避开检查。另外，我们迫切地期待食品药品监督管理局提高警惕、积极管理，并大幅度地扩充检测队伍。

故意允许给我们的食物下毒，然后再进行监管的这个制度，不由得使人想起了刘易斯·卡罗尔笔下"白衣骑士"的荒唐计划：他"盘算着把自己的胡须染绿，再用把大扇子挡在脸前，这样绿胡须就不会被人看见"。其实，最终的解决方法就是尽量使用低毒性的化学药品，即使出现滥用的情况，公共威胁也会大大降低。现在，这类较为安全的化学物质已经存在了，如除虫菊素、鱼藤酮、鱼尼丁以及其他取自植物的化学物质。最近，某些科学家已经研制出了除虫菊素的合成替代品。只要市场有需要，一些国家已经随时准备好提高这种天然产品的产量了。而且，我们也迫切需要农药商家在销售产品的同时向公众讲授其特性，因为绝大多数的消费者会被各种杀虫剂、杀菌剂和除草剂弄得晕头转向，不知道哪种是致命的，哪种是相对安全的。

除了使用毒性更小的农药，我们还应努力探索非化学方法的可能性。目前，加利福尼亚州正在尝试一种新方法，利用一种专门针对某种昆虫的细菌，引其发病，从而实现农业虫害的防治。这种方法的引申实验也正在进行之中。除此之外，还有很多既能有效地防治昆虫，也不会在食物中留下毒素的方法（详见第十七章）。在这些方法得到广泛关注之前，我们依然压力很大。照目前的形势看来，我们的处境仍危机重重，比波吉亚家族①的客人强不到哪儿去。

---

① 欧洲文艺复兴时期意大利的显赫家族。该家族成员行事心狠手辣，为达目的不择手段，会在邀请政敌赴宴时，在其酒水和食物中下毒。

第十二章　人类的代价

　　工业时代催生的化学品狂潮般地吞噬着我们的环境，而公共健康问题的本质也发生着巨大变化。就在昨天，人类还在为天花、霍乱和鼠疫的肆虐而惊恐不已。如今，我们主要关心的不再是这些无处不在的细菌病毒了，良好的卫生、生活条件以及新型药物的问世让我们很好地掌控了它们。我们现在最担心的是隐藏在环境中的另一种危害——它是随着我们生活方式的现代化而被人类引入这个世界的。

　　新环境下的健康问题可谓纷繁复杂：有辐射引起的，也有因包括杀虫剂在内的层出不穷的化学品所引发的。这些化学品无所不在，已经遍及我们生活的世界，单独或者联合地发挥作用，给人类带去直接或间接的影响。它们无影无形、十分隐蔽，却给我们的世界投下了一个不祥的阴影；虽然我们无法预测一生暴露于这些化学或物理物质之中会给人体造成怎样的伤害（因为人类从未有过这样的体验），但这种伤害必然不容小觑。

美国公共卫生署的大卫·普莱斯博士说："我们一直生活在恐惧之中，担心有些物质会毁灭我们的环境，使我们遭受恐龙一样的厄运。更让人担忧的是，人类的命运在病发的20多年之前就已注定了。"

在环境性疾病的画面中，杀虫剂到底扮演着怎样的角色呢？我们已经看到，化学药品污染了土壤、水和食物，它们的火力还足以杀死河里的鱼儿，并让花园和森林中的鸟儿消失。尽管人类喜欢装作与自然毫不相干，但我们确实是自然的一部分。如今，污染遍及全球，人类难道能置身其外吗？

我们知道，如果化学药品的剂量足够大，即使只接触一次也可能会导致急性中毒的情况，但这还不是主要问题。农民、喷药人员、飞行员以及其他大量接触杀虫剂的人们突然生病或死亡原本都是不该发生的悲剧。对于全体人类而言，杀虫剂正悄悄污染环境，人类长期少量吸收后的延迟效应，才应该是我们关注的重点。

一些认真负责的公共卫生官员指出，化学药品的生物效应是需要经过长时间积累的，对个人的伤害则取决于他一生的接触量。正是因为这种原因，它的危险很容易被人忽视。对于未来的灾难尚不明朗，人类就会本能地耸耸肩，表示这无关紧要。一位睿智的医师雷内·杜博思博士说："人类本能地只重视有明显症状的疾病，但是一些最危险的敌人会悄悄地逼近我们。"

就像密歇根州的知更鸟或米拉米奇河中的鲑鱼一样，对于我们每个人来说，这是一个相互关联、彼此依赖的生态问题。我们消灭了河流附近的石蝇，也毒死了河中的鲑鱼；我们杀死了湖中的蚋虫，但是毒素会通过食物链传递，最后毒死了湖边的鸟儿；我们在榆树上喷了药，第二年春天就听不到知更鸟的歌声了——其实毒药并没有直接喷向知更鸟，而是沿着树叶——蚯蚓——知更鸟的链条一环一环地传递。这些事件都有案可查，它们就发生在我们的身边，揭示了被科学家称为"生态系统"的生死之网的真实存在。

我们的体内也存在一个生态世界。在这个看不见的世界里，极小的诱因也会导致严重的后果，更糟糕的是，病症却看似与诱因无关，因为它会出现在远离受伤的部位。近来一份医学研究现状报告说："某个部位的变化，甚至一个分子的变化，都可能会影响整个系统，并引起不相关的器官或组织发生病变。"如果我们关注一下人体神奇的功能，就会发现因果关系并不那么简单，也不容易发现，相反，它们可能在时间和空间上都相距甚远。想要找出造成疾病与死亡的原因，需要人们将很多看似毫不相干的事实拼接起来，而这些结果还需要从各个领域进行大量研究才能得出。

我们习惯于寻找明显而直接的影响，而忽略其他。除非暴发突然而明显的症状，否则我们不会承认危险的存在。然而，即使是专业人员也缺乏足够的检测损害初因的方法。如果没有症状，我们就更没办法检测出损伤，这也是医学界亟待解决的一大问题。

有人会反驳："我也经常在草坪上喷洒狄氏剂，却没有出现像世界卫生组织喷药人员那样的抽搐症状——所以，我没受到伤害。"事情并非如此简单。尽管没有突发剧烈的症状，但是接触过狄氏剂的人还是会在体内蓄积毒素。如我们所知，氯化烃类农药的残留都是从最小的摄入量开始慢慢积累的。毒素会储存在人的脂肪中，一旦消耗这些脂肪，毒性就会立刻发作。新西兰的一家医学杂志最近刊登了一个案例：一个正在进行治疗肥胖的男子突然出现了中毒症状。经检查发现，他的脂肪里含有狄氏剂，在其减肥的过程中，这些毒素就进入了新陈代谢。因疾病而消瘦的人也存在同样的风险。

另一方面，毒素蓄积的后果可能会更加隐蔽。几年前，美国医学会的期刊对脂肪组织中贮存杀虫剂的危害发出了警告。与可以代谢的物质相比，蓄积的药物和化学品更需要谨慎对待。此外，医学会还警告说，脂肪组织不仅储存脂肪（约占体重的18%），还具有其他重要的功能，而蓄积的毒素会干扰这些功能。此外，脂肪也广泛分布于人体的各个器官和组织，甚至是细胞膜的组成部分。因此，我们认识到这一点很重要——杀虫剂在细胞中积累，会干扰最重要的氧化过程和能量供应机制。我们在下一章会详述这个问题。

氯化烃类杀虫剂最重要的特性就是损伤肝脏。在人体的所有器官中，肝脏是最特别的。肝脏功能的多样性和必要性无可替代，人体中很多重要的机体活动都由肝脏控制，因而即使其受到极小的损害，也会引起严重的后果。肝脏不仅为消化脂肪提供胆汁，而且由于它所处位置和汇聚在此的特殊循环管道，肝脏还能够直接得到来自消化道的血液，并深度参与所有食物的新陈代谢。肝脏以肝糖的形式储存糖分，并能够精确地释放出葡萄糖，并保证人体血糖处于正常水平。它还会合成蛋白质，其中就包括血浆当中与凝血功能相关的重要元素。肝脏还能让血浆中的胆固醇保持在正常水平，抑制雄性激素和雌性激素过高。此外，肝脏中储存着很多维生素，其中一些对维持肝脏的正常工作必不可少。

失去了健康的肝脏，人体的生命防线就会崩溃——因为无法抵抗各种入侵的毒素。有些毒素是新陈代谢的副产品，肝脏可以通过去氮作用快速有效地将其转化为无害物质；有些则并非身体正常机能的产物，肝脏也可以将其分解。所谓"无害的"杀虫剂马拉硫磷和甲氧氯毒性相对较小，原因就是肝脏里的一种酶将它们的分子转化了，从而削弱了它们的毒性。除此之外，我们接触的大部分有毒物质都会被肝脏以同样的方式处理掉。

但是现在，人体抵御各种毒素的防线已经被削弱，并逐渐走向崩溃。损伤的肝脏不仅不能保护我们免受毒素的侵扰，而且其大部分功能还会发生紊乱。这些后果不仅影响深远，而且由于很多并发症的形式多样、间隔期长，人们很难追溯到真正的原因。

如今，损伤肝脏的杀虫剂依然被广泛使用，自 20 世纪 50 年代以来肝炎患者的数量急剧上升。据说，肝硬化患者也在不断增加。与实验动物相比，在人类身上证明 A 是导致病症 B 的原因是比较困难的，但是常识告诉我们，肝脏疾病的猛增与杀虫剂的盛行不无关系。且不管农药是否为主要的致病毒物，氯化烃类产品损害肝脏、降低肝脏抵御疾病的能力却是事实，继续将我们自己暴露于这类药物之下，显然是不明智的。

尽管方式不同，两种主要的杀虫剂氯化烃和有机磷化合物都可以直接影响人体的神经系统。这一点已经被大量的动物实验和人体观察所证实。最早广泛使用的新型有机杀虫剂 DDT 主要作用于人类的中枢神经系统，小脑和高级运动皮质层会受到主要影响。毒理学标准教材中还有过这样的记载：接触大量的 DDT 后，人体会产生刺痛、灼烧、瘙痒的感觉，甚至出现颤抖、抽搐等症状。

人类对DDT急性中毒症状的首次认识来自几名英国研究人员。为了研究DDT的中毒后果，他们故意接触了DDT。英国皇家海军生理实验室两位科学家在墙面上涂满了2 ppm DDT的水溶性油漆，并在上面覆盖了一层油膜，然后通过皮肤直接接触的方式吸收了DDT。在他们对症状的详尽描述中，毒素对神经系统造成的损伤一览无余："真切地感觉到疲劳、沉重、四肢疼痛，精神极度痛苦……烦躁不堪……什么也不想干，大脑连最简单的事也无法处理。关节还会不时地剧烈疼痛。"

另一名英国实验员把含有DDT的丙酮溶液涂在了自己的皮肤上。他在实验报告中记录：感到四肢疼痛、肌肉无力，还出现了神经紧张性痉挛。他休息了一天，情况有所好转，但复工后情况又恶化了。然后，他不得不在床上躺了3周，其间感到四肢疼痛、失眠、神经紧张、极度焦虑。有时候，他还会浑身颤抖——就像我们所熟悉的鸟类DDT中毒的症状一样。这位实验员整整10个星期没能工作。到了年末，他的实验被一家医学杂志报道时，他还没有完全康复（尽管证据确凿，几名美国研究人员还是把参加DDT实验志愿者的头疼和"每个骨头都疼"的症状归结为"神经症"）。

如今，多起案例的症状和中毒过程都指向了致病元凶——

杀虫剂。通常，这些患者都有过明确的某种杀虫剂接触史，经过治疗（包括杜绝其生活环境中所有杀虫剂的接触），其症状有所缓解。但只要再次接触类似的化学品，患者的病情还会复发。这些证据足以作为其他功能紊乱病症的治疗依据，同时也在警示我们，冒着"预期风险"把我们的环境浸泡在杀虫剂中是多么愚蠢。

为什么处理和使用杀虫剂的人们没有表现出同样的症状呢？这主要看个人的敏感度。有证据显示，女人比男人敏感，孩子比大人敏感，久坐室内的人比户外工作或经常锻炼的人敏感。除此之外，还有一些无法解释、难以察觉的区别。一个人对粉尘或者花粉过敏，对某种药物过敏，或者较其他人更容易感染某种疾病等诸如此类的问题目前还没有得到合理的解释。但这些现象是真实存在的，而且影响了很多人的生活。据一些医生的保守估计，有三分之一或者更多的病人出现过过敏的症状，而且数量还在增加。事实上，一些医学人员还认为，间歇性地接触化学品可能会导致过敏。如果这是真的，那么就可以解释为什么因工作持续接触化学品的人很少出现中毒症状——由于频繁接触化学品，这些人已经脱敏了，就和医生给过敏症病人反复注射过敏原而使其脱敏是一样的。

人类并不像严格控制条件下生存的实验动物，面对的不仅有某一种药物，因此杀虫剂中毒问题就变得十分复杂了。在不同类别的杀虫剂之间，在杀虫剂和其他化学品之间，都可能发生化学作用，从而造成严重的后果。无论是进入土壤、水源还是人类的血液，这些本不相关的化学品不会保持相互隔离的状态，它们之间会发生神奇的、看不见的变化，彼此改变着对方的破坏力。

甚至通常情况下相互独立的两种杀虫剂也会发生相互作用。如果身体首先接触了伤害肝脏的氯化烃类农药，有机磷（破坏保护神经的胆碱酯酶的元凶）的毒性就会增强。这是因为肝脏功能受到了影响，胆碱酯酶会低于正常水平，原本被抑制的有机磷化合物作用就会变强，导致急性中毒的症状。目前发现，成对的有机磷化合物相互作用，会使它们的毒性增强 100 倍。有机磷化合物还可能与各种药物、合成材料、食品添加剂发生作用。这个世界充斥着各种合成材料，除了以上这些，谁能说得准还有哪些反应呢？

一种本来无害的化学品会因为另一种化学品的作用而发生巨变，DDT 的一个近亲甲氧氯就是很好的例子（实际上，甲氧氯并不像人们想象的那样安全，因为近来的动物实验证明它会直接影响子宫，并阻断脑垂体激素。这就提醒我们，这些化学品有极大的生物危害性。还有其他研究显示，甲氧氯可能损害肾脏）。单纯与甲氧氯接触不会在体内大量蓄积毒素，所以人们会认为这是一种安全无害的化学品。但这并不完全正确。

如果肝脏受到了另一种化学物质的损害，甲氧氯在体内的蓄积速度就会增加100倍，进而像DDT一样持久地影响神经系统。只是，造成这种后果的肝脏损伤极为轻微，让人难以觉察。很多常见的情况也会造成这种肝脏损伤：使用另一种杀虫剂，使用含有四氯化碳的清洁剂，或服用某种镇静药物等，这些药剂中绝大多数（但不是所有）都属于氯化烃类化学品，皆有可能伤害肝脏。

对神经系统的损伤并不局限于急性中毒，可能还存在一些延迟伤害。甲氧氯等化学药剂对大脑和神经系统的长期损害早就见诸报端了。除了急性中毒，狄氏剂还会留下各种后遗症，诸如"健忘、失眠、梦魇、狂躁等"。一些医学研究发现，林丹会在大脑和正常的肝脏组织中大量蓄积，诱发"对中枢神经系统产生深远影响的后果"。然而，这种形态的六氯化苯正广泛应用于各种雾化器，在家庭、办公室和餐馆喷出阵阵杀虫蒸汽。

人们通常认为有机磷杀虫剂只与急性中毒症状有关，但它也能对神经组织造成永久性损伤，而且最近有研究发现，它还可能诱发精神疾病。很多人在使用过这类杀虫剂后出现了滞后性麻痹症。大约在1930年，美国禁酒时期发生了一件怪事颇具预言性质。这一事件的诱因并不是杀虫剂，而是一种与有机磷杀虫剂同族的化学物质。那时候，为了规避禁酒法令，人们不得不用一些药物取代烈酒，其中一种就是牙买加姜汁。但是，美国的药用产品非常昂贵，于是私酒商就想了一个法子，就是用姜汁代替白酒，而且伪造得相当成功，甚至通过了化学检测，也骗过了政府部门的药剂师。为了让姜汁的味道更像酒，他们添加了一种叫作磷酸三邻甲苯酯的化学品。这种药物跟对硫磷及其同类化学品一样，能够破坏胆碱酯酶。最终，私酒商生产的这些劣酒使 1.5 万人因腿部肌肉永久性重萎缩而瘫痪，现在这种病症被称作"姜中毒性瘫痪"。伴随着这种麻痹症产生的问题还有神经髓鞘的损伤和脊髓前角细胞的退化。

大约 20 年后，有机磷杀虫剂开始大量投入使用，而类似"姜中毒性瘫痪"的病例也接二连三地出现。其中一名患者是德国的温室工人，在使用对硫磷后，他出现了几次轻微的中毒症状，几个月后便瘫痪了。随后又有 3 个化工厂工人因为接触同类化学品而急性中毒。经过治疗，他们都恢复了，但是 10 天后，其中两人出现了腿部肌肉无力的症状，其中一个的症状持续了 10 个月，而另一名女性化学家的病情更严重，她的双腿、双手都出现了麻痹症状。两年后，当一家医学杂志报道她的情况时，她仍然不能行走。

导致这些病例出现的杀虫剂已经从市场上撤回了，但是仍在使用的一些化学品可能还会造成类似的伤害。马拉硫磷（园艺工人的最爱）在动物实验中会使鸡出现严重的肌肉无力。跟

"姜中毒性瘫痪"一样，此症状还伴随着坐骨神经鞘和脊髓神经鞘的损伤。

如果中毒的病人幸存下来，这些中毒症状可能仅是更严重后果的前奏而已。鉴于它们对神经系统造成的严重损害，这些杀虫剂不可避免地与精神性疾病联系起来。最近，墨尔本大学和墨尔本亨利王子医院的研究员揭示了这种关联，他们共报告了 16 例精神病例，这些患者都曾经长期接触有机磷杀虫剂。其中有 3 人是检查喷药效果的化学家，8 人在温室工作，其余 5 人是农场工人。他们的症状表现为：记忆力减退、精神分裂和抑郁反应等。之前，这些人的身体情况都很正常，直到他们喷洒出去的化学药品杀了个回马枪，给了他们迎头一击。

如我们所知，类似的中毒病例在各种医学典籍中随处可见，有的与氯化烃类化合物有关，有的与有机磷有关。短暂地遏制一些害虫的代价实在过于昂贵——神经紊乱、臆想症、记忆力减退、狂躁症，只要我们继续使用这些直接攻击神经系统的化学药品，这种代价就会永远地强加在我们身上。

第十三章　小窗之外

　　生物学家乔治·瓦尔德曾经把自己的一个专题——眼睛的视觉色素研究比作"一个狭小的窗户，从远处看，只能看到一丝亮光。但离它越近，你的视野就会越广阔，直到最后，你贴近窗户之际，整个宇宙就会映入你的眼帘"。

　　的确如此，我们应该首先将视线聚焦到人体的单个细胞上，然后深入细胞内的微小结构，最后是结构内分子之间的生化反应——只有这样做，我们才能理解随意将外界化学物质引入人体生理环境会带来多么深远而重大的影响。医学研究最近才开始关注单个细胞的产能作用，这些是维持生命不可或缺的能量。人体的能量产生机制是生命健康的根本，不仅对于健康，而且对于生命也一样——它的重要性超过了最重要的器官，因为如果没有正常有效的释放能量的氧化过程，身体的各项功能就无法运行。然而，用来对付昆虫、啮齿类动物、杂草的化学品特性却可能会直接攻击这一供能系统，干扰这一完美机制的运作。

生物学和生物化学引人注目的优秀成就之一，就是帮我们打开了认识细胞氧化作用的大门。做出贡献的研究者中有很多是诺贝尔奖的获得者。在前人研究的基础上，这项研究一步步地持续推进了二三十年的时间。即便如此，我们仍然没有清楚所有的细节。直到最近10年，我们才将各项零散的研究整合到一起，形成完整的体系，生物氧化作用才成为生物学家普遍接受的常识。我们要记住这个事实：1950年以前接受基本培训的医务人员并没有机会了解这个过程的重要性和打破这个过程所引发的后果。

能量并不是产生在哪一个器官，而是在全身的细胞中进行。每一个活体细胞都像一团火焰，通过消耗燃料来为身体提供能量。这一类比诗意有余，但精确不足，因为细胞的"燃烧"是在身体的正常温度下进行的。然而，正是亿万丛燃烧的小火苗启动了整个生物体的能量开关。"一旦它们停止燃烧，心脏就会停止跳动，植物就不能抗拒重力向上生长，变形虫变得不会游动，神经也不在传导感觉，大脑中不会再有思想闪过"，化学家尤金·拉比诺维奇这样说过。

在细胞中，物质转化成能量是一个连续不断的过程，就像一只旋转不休的轮子，是自然界中的一种固有循环。碳水化合物燃料以葡萄糖的形式一个分子又一个分子地进入这只轮子；在循环过程中，燃料分子又会发生断裂和一系列细微的化学变化。这些变化都是有序进行的，一步接一步，每一步都由一种酶指引和控制，每种酶都有着特定的功能，各司其职。每一步会产生能量，也会释放废物（二氧化碳和水），经转化的燃料分子之后会进入下一阶段。当这只轮子转完一圈以后，燃料分子已经被分解得差不多了，并准备与新的分子再度结合，然后开始新一轮的循环。

在此过程中，细胞就像一座化工厂，它们的运作过程简直是生命世界中的一个奇迹。工作车间都极其微小，更平添了几分神秘，因为除了几种罕见的例外，绝大多数细胞都很小，只有用显微镜才能看得到。然而氧化过程是在一个更小的地方——细胞内被叫作线粒体的微小颗粒中完成的。虽然线粒体早在 60 多年就被人们发现了，但是人们一直都把它当作未知的细胞元素，也不认为它有什么重要作用。直到 20 世纪 50 年代，线粒体领域的研究才变得富有活力、成果频出，全球的科学家突然抱以高度关注的态度，5 年内光这一研究领域就发表了 1000 篇论文。

在解开线粒体这一谜团的过程中，人类表现出来的非凡创造力和耐心值得敬畏。想象一下，线粒体是如此微小的颗粒，即使在显微镜下放大 300 倍也难以看见，面对这样一种存在，将其剥离、拆分，然后再分析结构，最终确定它们极其复杂的功能，这需要何等高超的技术！可喜的是，这一切在电子显微镜和生化学家高超技术的双重加持下全部实现了。

我们现在已经知道，线粒体就是一个小小的细胞器，包裹着氧化过程所需的各种酶类，它们精确有序地排列在线粒体的壁和隔膜上。大多数产生能量的反应过程都在这里发生，所以线粒体就等同于一个个"动力室"。氧化的初步环节在细胞质中完成后，燃料分子就进入了线粒体。氧化过程就是在线粒体内最终完成的，巨大的能量也是从这里释放的。

正是因为生产能量这一重要目的，线粒体中无休止循环的氧化反应才有了意义。氧化循环每一阶段产生的能量都包含在被生化学家称为 ATP（三磷酸腺苷）的物质中，这是一种包含三组磷酸盐的分子。ATP 之所以能提供能量，是因为 ATP 可以将其中的一组磷酸盐转化为其他物质，在释放能量的过程中，大量电子高速穿梭，产生能量。当末梢磷酸基团被转移到正在收缩的肌肉细胞中时，就产生了收缩能量。于是，另一个循环在原有的循环中开始了：ATP 分子失去一组磷酸基因，保留下两个，变成了 ADP（二磷酸腺苷）。轮子继续转动，另一组中磷酸基团会补充进来，于是 ATP 得到恢复。就像我们所使用的蓄电池一样：ATP 是已充满的电池，ADP 是已耗竭的电池。

从微生物到人类，ATP 为所有生物提供能量。它为肌肉细胞提供机械能，也可以为神经细胞提供电能。除了这些，ATP 还为精子细胞，即将变为青蛙、鸟或婴儿等剧烈变化中的受精卵细胞以及分泌激素的细胞提供能量。ATP 的一部分能量会在线粒体中消耗，但是大部分能量会立即输送到细胞，为其活动提供能量。线粒体在某些细胞中的位置最有利于发挥它们的功能，因为在那里能保证将能量精确送至需要的地方——在肌肉细胞中，它们聚集在收缩纤维的周围；在神经细胞中，它们处于细胞间的结合点，为神经冲动提供能量；在精子细胞中，它们汇聚在有推进作用的"头""尾"连接处。

氧化过程中的偶合就是一个生物充电过程，其间 ADP 和一组自由的磷酸基团结合成 ATP，这种紧密连接就叫作偶联磷酸化。如果结合没有形成偶联，就不会产生可用的能量——线粒体的呼吸作用还在进行，但是不会有能量产生，细胞就会变成一个空转的发动机，只产生热量，不释放能量。如此一来，肌肉就无法收缩，神经冲动也不能传导，精子也到不了目的地，受精卵很难完成复杂的分化和发育。可见，对生物体而言，解偶联的后果对从胚胎到成体的所有阶段来说都是一场灾难——可能导致肌体组织或者生物体死亡。

解偶联是怎么发生的呢？辐射是其中的一个因素。有人认为，受到辐射的细胞就是这样死亡的。不幸的是，很多化学品也具有阻止氧化过程中能量产生的能力，杀虫剂和除草剂就名列其中。如我们所知，酚类对新陈代谢影响巨大，它可能会导致体温升高到致命的程度，这就是解偶联作用导致"引擎空转"的后果。二硝基苯酚和五氯酚是这类化学品的代表，它们广泛用作除草剂的配方，其他具有解偶联作用的化学品还包括2,4-D。在氯化烃化合物中，DDT已经被证实是解偶联剂药物，随着研究的进一步深入，我们还有可能发现其他能够引发解偶联作用的农药产品。

然而，解偶联并不是浇灭亿万细胞生命之火的唯一因素。我们已经知道，氧化过程的每个阶段都是由一种特殊的酶控制和推进的。如果这些酶中的任何一种遭到破坏或者削弱，细胞内的整个氧化循环就会停止；无论哪种酶受到影响，后果都是一样的。氧化过程就像一只不停转动的轮子，如果在辐条中间任意位插进一根撬棍，不论插哪儿，轮子都会停止转动。同样的，如果破坏了氧化过程中的一种酶，整个过程就会中止，也不会有能量产出，这与非耦合的作用极其相似。

任何一种杀虫剂都能充当这个撬棍。DDT、甲氧氯、马拉硫磷、吩噻嗪以及各种二硝基化合物都能抑制氧化循环中的一种或多种酶。因此，这些药剂可能阻碍能量生产的全过程，并造成细胞缺氧。这种损伤会带来很多灾难性的后果，下面仅简单举例。

下一章将会讲到，实验人员仅靠抑制氧气供应，就把正常的细胞转变成了癌细胞。其他的严重后果也会在动物胚胎的实验中略见一二。没有足够的氧气，组织的生长和器官的发育就会受到干扰，导致畸形和其他异常情况。由此可以推断，如果人类胚胎缺氧，也会造成先天畸形。

　　尽管人们开始注意到这些可怕情况的不断增加，但极少有人会去探求其原因。1961 年，美国人口统计局发起了一项全国范围的畸形儿调查，后附一张说明，称调查结果将作为先天畸形与环境关联的证据。毫无疑问，此项调查主要是研究辐射的影响，但是化学品的影响也不容忽视，因为它们跟辐射的危害是一样的。人口统计局悲观地预测，未来部分儿童的缺陷和畸形几乎都是由无处不在的化学药品造成的，它们把我们团团围住，对我们进行内外夹击。

　　也有一些研究结果显示，生殖能力的下降与生物氧化过程受到干扰以及供应能量的 ATP 减少有关。卵子即使在受精之前也需要大量的 ATP，以便为下一阶段做好准备，一旦精子进入，卵子受精，会耗费大量的能量。精子是否能到达并穿透卵子取决于它本身的 ATP 供应，而这些 ATP 都是由高度集中在细胞颈部的线粒体产生的。一旦受精成功，细胞就开始分化。可见，ATP 供应的能量很大程度上决定了胚胎能否发育成型。一些胚胎学家在研究了青蛙卵和海胆卵这些容易获得的实验对象后发现，如果其细胞内的 ATP 低于一定水平，卵子就会停止分化，然后迅速死亡。

胚胎实验室的研究情况也适用于苹果树上的知更鸟——虽然它们的窝里有几颗蓝绿色的鸟蛋，但它们都是冰凉的，生命之火只跳跃了几天就熄灭了。在佛罗里达州，一棵高大的松树上有个鹰窝，虽然是由长短不一的断枝搭建却错落有致。鹰窝里面有 3 个白色的鹰蛋，但也是冰冷且不见生机的。为什么幼鸟都没有孵化出来呢？鸟蛋是否和实验室里的青蛙卵一样，因为缺少 ATP 提供的能量而没能正常生长？还是因为成鸟的身体和蛋里贮存了高浓度的杀虫剂，从而使氧化的车轮停止，不再产生 ATP 了呢？

很明显，检查鸟蛋要比检测哺乳动物的卵细胞容易得多，因此大可不必劳神费力地去猜测鸟蛋里是否含有杀虫剂，我们可以让事实说话。不论是在实验室里，还是在野外，只要是接触过化学品的鸟儿，它们产下的蛋中都会留有浓度很高的 DDT 和氯化烃残留。实验室人员在加利福尼亚州的野鸡蛋中检测出了 349 ppm 的 DDT；在密歇根州知更鸟尸体的输卵管卵子中发现 DDT 的浓度为 200 ppm；人们在一些废弃的鸟巢中发现了死去的知更鸟，在其留下的蛋中也检查出了 DDT 残留；附近农场中，艾氏剂中毒的母鸡产下的蛋里也含有艾氏剂；实验室里喂食 DDT 的母鸡，其产下的蛋里也检测出了

65 ppm 的农药残留。

既然已经知道了 DDT 和其他（也许是全部）氯化烃化合物会破坏某种特殊的酶，并阻碍能量的产生，或使能量产生机制发生非耦合，我们就不难想象含有大量农药残留的鸟蛋要怎样艰难地完成复杂的发育过程：无数次细胞的分裂，各组织和器官的发育，关键物质的合成，最终形成新的生命。所有这些都需要大量的能量——只有新陈代谢之轮的不停转动才能创造源源不断的 ATP。

其实，这样的灾难不仅发生在鸟类身上。ATP 是一种普遍存在的能量单位，其代谢循环过程在所有的生物身上都是一样的，作用也别无二致。其他物种生殖细胞中残留的杀虫剂也值得我们担忧，因为同样的问题、相同的效应也可能会出现在我们身上。

有证据显示，这些化学毒素不仅出现在生殖细胞里，而且会残留在产生生殖细胞的组织中。在一些鸟类和哺乳动物的生殖器官里都发现了杀虫剂的身影——无论是实验室控制条件下的野鸡、老鼠、豚鼠，还是栖息在喷药地区榆树上的知更鸟，又或者是蚜虫药物防治地区的鹿，无一幸免。检测还发现，有一只知更鸟睾丸里的 DDT 浓度比身体其他部位都高。野鸡的睾丸里也有大量 DDT，大约为 1500 ppm。

研究人员发现，实验中的哺乳动物出现了睾丸萎缩的现象，这很可能与性器官中高浓度的药物残留有关。接触了甲氧氯的幼鼠，睾丸会很小；给小公鸡喂食 DDT 后，成熟后的睾丸只有正常大小的 18%，其依赖睾丸激素发育的鸡冠和垂肉也只有正常大小的三分之一。

精子也可能由于缺少 ATP 而深受影响。实验表明，二硝基苯酚会降低公牛精子的活动能力，因为这种物质会妨碍耦合机制，导致能量减少。如果继续深入调查的话，可能会发现还有很多其他的化学药品有相同的效应。一些医学报告还显示，负责空中喷洒 DDT 的人员出现了精子减少的现象。

对于全体人类而言，比个人生命更宝贵的是我们的遗传基因，它是连接过去和未来的纽带。经过漫长岁月进化才形成的基因，不仅造就了我们现在的样子，还控制着我们的未来——无论这个未来里是充满希望还是遍布威胁。然而，我们这个时代正面临着人工合成物导致基因衰退的威胁，"这也是对文明最终的、最严重的威胁"。

此时，我们必须承认，化学品和辐射存在着不容置疑的相似性。受到辐射的活细胞可能会出现各种各样的损伤：正常分裂能力遭到破坏，染色体结构发生变化，携带遗传信息的遗传基因会发生突变，导致后代身上出现新的特征。如果细胞极其敏感的话，可能会被立刻杀死，或者在多年后变成恶性细胞。

实验室里大量的类放射或者拟辐射化合物已经证实了这些

恶果。许多杀虫剂和除草剂就属于这类化合物，它们会破坏染色体、干扰正常细胞分裂或引起突变。这些对遗传物质的伤害有时会直接引发与之接触过的人患病，或者在其后代身上体现出来。

仅在几十年前，还没有人知道辐射和化学品的这些危害。那时候，人们还没有掌握原子裂变技术，威力堪比放射物质的化学品还没有从化学家的试管中孕育出来。1927 年，得克萨斯大学的一位动物学教授穆勒博士发现，动物被 X 射线照射后，后代会发生基因突变。穆勒的发现开创了科学和医学研究的新领域，他也因此获得了诺贝尔生物学或医学奖。不幸的是，世人很快便熟悉了从天而降的灰色辐射雨。如今，辐射的潜在危害已世人皆知。

不过很少有人注意到，其实早在 20 世纪 40 年代初，爱丁堡大学的夏洛特·奥尔巴赫与威廉姆·罗宾森也有过类似的研究。他们发现，芥子气与辐射一样也会造成细胞永久性染色体异常。果蝇实验（早期，穆勒也曾用果蝇进行过 X 射线研究）也显示，接触过芥子气的果蝇也会发生基因突变。至此，人类发现了第一种化学诱变剂。

如今，除了芥子气，人们又发现了很多其他化学品也可以改变动植物的遗传物质。要了解化学物质如何改变遗传过程，我们必须首先了解活细胞的基本生命活动。

构成身体组织和器官的细胞须有不断增殖的能力，才能保证身体的生长，生命之火才能永续相传。这个过程是通过有丝分裂（核分裂）实现的。在一个即将分裂的细胞内，最重要的变化首先发生在细胞核内部，最终扩散至整个细胞。在细胞核内，染色体会神奇地移动、分裂，然后排成一种固定的模型，将遗传物质——基因，传给子细胞。起初，染色体呈长长的线状，基因排列在上面就像一串串珠子。然后，每条染色体纵向断裂开来（基因随之分裂），待细胞分成两半后，染色体会分别进入两个子细胞内。这样每一个新细胞都会包含一套完整的染色体，它们都携带着一套完整的遗传信息编码。就是通过这种方式，物种的完整性得以保存和延续，而且每一个物种母代和子代的特征都能大致保持相同。

生殖细胞的形成过程十分特殊。因为所有物种的染色体数量都是恒定的，由此可知，即将生成新个体的精子和卵子只能各自携带一半数量的染色体。这一行为发生在生殖细胞形成的分裂过程中，染色体须精确地完成这一行为。此时的染色体并不分裂，而是从每对染色体中分出一条完整的染色体，再进入每一个子细胞中。

所有生物的这个基本生命过程都是一样的。地球上所有的生命都会经历细胞分裂，不论是人还是变形虫，高大的红杉还是微小的酵母，没有细胞分裂就不能长久存活。因此，任何阻碍细胞分裂的因素对生物的健康及其后代都将构成严重威胁。

乔治·辛普森和同事皮特德利、蒂凡尼合著的《生命》一书内容广博，书中写道："细胞组织的主要特征（包括有丝分裂）必然已存在超过 5 亿年了，甚至可能近 10 亿年。从这方面看，地球上的生命很脆弱，也很复杂，但是在岁月面前却出奇地坚韧——甚至比山脉都要坚不可摧。而这种韧性则完全依靠遗传信息一代代的精确传递。"

然而，在作者想象中的这 10 亿年里，这种"精确传递"并没有遭受过 20 世纪中期以来人造辐射和人造化学品如此直接、强烈的威胁。澳大利亚著名医师、诺贝尔奖获得者麦克法兰·博纳特爵士认为，我们时代"最明显的医学特征之一"就是"随着先进治疗手段的日益强大，生物经验之外的化学物质生产越来越多，带来的副产品是对人体天然屏障的频繁破坏，而这些屏障本是用来保护内脏器官免受诱变因素侵害的。"

人类染色体的研究尚处于初级阶段，研究环境对其产生的影响最近才成为可能。直到 1956 年新技术出现后，人类才准确测定了人体细胞的染色体数量为 46 条，而且还能观察到染色体整体及其片段的存在与缺失。环境中的某些因素可以损害基因还是一个相对较新的概念，而且除了遗传专家，很少有人能理解这一点，但专家们的意见很容易受到冷落。时至今日，辐射的各种危害已经为人们所熟知——尽管在某些时候有人仍在极力否认。穆勒博士在各种场合常常哀叹："不光是政府的决策者，还有很多医学界的人都拒绝接受基因学说的原理。"事实上，公众以及许多资深的医学专家、科技人员都很少知晓化学品与辐射的危害其实是类似的。正是这个原因，还没有人评测化学品在日常应用中（而不是用于实验）的作用，但是这项工作万分必要。

不只麦克法兰爵士一人预想到了潜在的危险，英国一位权威人士皮特·亚历山大博士也曾经表示，类放射性化学物质的危害可能比辐射还要大。穆勒博士根据数十年的遗传学报告，向人类提出警告："各种化学品（包括杀虫剂）跟辐射一样会增加基因突变的频率……现代社会中，我们频繁接触少见的化学品，却始终无法了解人类基因在此情况下存在何种程度的突变倾向。"

人们对化学诱变剂的普遍忽视，可能是因为早期发现仅限于科学研究的缘故。毕竟，氮芥并没有洒向所有人，而是被生物学家用于实验或为医生用来诊疗（最近有报告提到，接受癌症治疗病人的染色体受到损伤），但杀虫剂和除草剂却能够与大众密切接触。

尽管人们对这个问题关注不多，但仍可以从许多杀虫剂使用案例中收集到信息——这些信息显示，杀虫剂能够破坏细胞的重要生理机能，从而引发染色体损伤或基因突变等一系列问题，最终导致细胞发生癌变。

蚊子连续几代接触DDT后，会变成一种雌雄同体的奇怪生物；酚类处理过的植物，其染色体遭到破坏，基因发生改变，出现大量突变的性状和"不可逆的遗传信息变化"；接触过苯酚之后，基因经典实验对象——果蝇会发生基因突变，如果接触了常见的除草剂或尿烷后，果蝇还有可能会迅速死亡。尿烷属于氨基甲酸酯类化学品，很多杀虫剂和农药都把它作为原料，其中有两种氨基甲酸酯类化学品已经用来防止土豆在储藏期发芽，因为它们可以阻断细胞分裂。还有一种能够防止植物发芽的化合物是马来酰肼，已经被认定为是一种强效诱变剂。

经六氯化苯（BHC）或林丹处理过的植物根部会出现肿块，因为它们的细胞会增大肿胀，内部的染色体数量也已翻倍。随着细胞的不断分裂，染色体会继续复制，直到细胞不再分裂。

除草剂2,4-D也会使植物根部长出瘤子一样的肿块，因为细胞中的染色体会变短、增厚，并聚拢在一起，进而严重阻碍细胞分裂。据说，这种整体影响与X射线的照射效果一样。

以上这些问题仅是冰山一角，还有很多例证可以援引。然而，至今仍没有旨在检测杀虫剂诱变后果的综合研究，上面所提到的例子也只是细胞生理学或遗传学研究的附带结果，如今最紧迫的就是要对这一领域进行更为直接的研究。

有些科学家虽然承认环境辐射对人类的危害，却怀疑化学诱变剂是否具有相同效应。他们列举了辐射的强大穿透力，但却不认为化学品会渗透进生殖细胞，这是因为我们缺乏针对人类的直接研究。然而，鸟类和哺乳动物的生殖腺和生殖细胞中发现的大量DDT残留就是一个强有力的证据，至少可以证明氯化烃化合物不仅遍及生物体全身，而且与遗传物质存在亲密接触。宾夕法尼亚州立大学的教授大卫·戴维斯发现一种在癌症治疗中有限使用的强力化学品可以阻止细胞分裂，并造成鸟类不孕，即使是低于致死剂量的化学品也会造成严重后果。戴维斯教授的野外实验也已经取得了一些成果。显然，我们再也不能一厢情愿地认为这世上有生物的生殖腺能免遭化学品的侵害。

最近关于染色体异常的医学研究硕果频出，而且意义非凡。1959年，英法两国独立的调查小组得出了相似的结论——人类的某些疾病是由染色体数量异常引起的。例如，人们通常所说的唐氏综合征患者细胞内都多了一条染色体。有时候，这条染色体会附着在其他染色体上，因此染色体的总数还是46条，但在一般情况下，多余的一条染色体是独立存在的，所以患者的染色体数量就是47条。至此，我们也能够想到，这类基因缺陷疾病的成因必然要追溯到上一代人。

在很多美国和英国的慢性白血病患者身上则出现了另一种异常机制。人们已经发现他们的血细胞中出现染色体畸形的情况——其中一条染色体有部分残缺，但其皮肤细胞的染色体情况正常。这就说明，染色体缺陷并不是发生在生殖细胞中，而是发生在个体成长阶段的某些特定细胞（在本例中，受损的是血细胞）里，而染色体的部分残缺可能导致这些细胞不能发出正常行为的"指令"。

自从开拓了这一研究领域，人们发现与染色体异常相关的身体缺陷问题增长迅猛，已经超出了医学研究的范畴。比如，克氏综合征就与一条性染色体的复制有关。患者为男性，因为携带两条 X 染色体（患者的染色体为 XXY，而不是正常的 XY），所以身体出现了一些异常情况，通常表现为身体过高、智力缺陷和不孕不育等。相比较而言，如果一个人只继承一条性染色体（表现为 XO，而不是正常的 XX 或者 YY），虽然患者实质上是女性，但是会缺少很多第二性征，通常也会伴有身体（有时是精神上的）缺陷，这是因为 X 染色体携带着各种特征的基因。这种疾病叫作特纳氏综合征。早在人们发现这两种病症的原因之前，在医学文献中就有关于它们的记载。

截至目前，许多国家在研究染色体异常的领域已做了大量努力。由克劳斯·帕托博士带领的威斯康星大学研究组一直关注各种先天畸形问题，这类畸形通常伴随着智力缺陷，似乎是由某条染色体只进行了局部复制造成的——可能在生殖细胞的复制过程中，一条染色体断裂后，碎片没能精确地进行重组。而这种缺陷很可能会影响胚胎的正常发育。

根据现有知识，细胞中多出一条完整的染色体通常是致命的，因为它会威胁胚胎的生存。在这种情况下，只有三种情况可以成活。其中之一就是唐氏综合征——染色体上附着的多余片段，虽然会对身体造成严重危害，但不一定致命。据威斯康星大学一些研究人员说，这种情况可以合理解释目前尚无定论的某些疑难杂症，例如一个婴儿为什么天生具有多种缺陷（通常包括智力低下等情况）。

作为一个全新的研究领域，目前科学家研究的重点是染色体异常与疾病、发育缺陷之间的关联，并没有探究其中的具体原因。认定单一物质就可以造成细胞分裂过程中染色体的损坏或行为异常，无疑是愚蠢的；现在环境中充斥着直接攻击我们染色体的各色化学药品，它们实则可以直接导致上述病症。难道我们还要继续对此视而不见吗？为了使土豆保存完好，或者让院子里没有蚊子，我们付出的代价是不是有点高呢？

其实，只要我们愿意，就一定能够减少遗传基因所面临的威胁。我们的遗传基因是细胞质经历了20亿年的进化和选择的结果，祖先把它们传给了我们，但只是暂存而已，之后我们还要把它们传给下一代，而我们现在却没有做出任何保持基因完整性的努力。尽管法律规定化学品生产商须检验产品的毒性，但并没要求他们检验化学品对基因造成的确切影响，所以他们也不会主动去做。

第十四章　四分之一的概率

　　漫漫生物抗癌斗争史，这源头早已湮没在时间长河中，但最初必定发端于自然环境。无论利弊，地球上的生物都会受到太阳、风暴和原始自然因素的影响。环境中的因素有时会制造一些灾难，生物要么选择适应，要么走向灭亡。例如，太阳光的紫外线会引发恶性肿瘤；某些岩石的辐射、土壤或岩石冲刷出来的砷类物会污染食物或水源，同样会引发某些疾病。

　　早在生命出现之前，这些危险的因素就存在了。然而，生命还是顽强地出现了，经过了数百万年的发展，演化出数量繁多、类型丰富的物种。在自然界亿万年的缓慢演进中，不能适应的物种遭到淘汰，最顽强的则存活下来，这就是生命与危险的自然力量达成的一种契约。其中的一种力量就是天然的致癌物质，虽然它们仍能引发恶性病变，但是由于其数量很少且早已存在，所以生命从诞生伊始就适应了它们。

人类诞生后，情况又开始转变，因为在所有生物中，只有人类才能够创造致癌物质，其中几种致癌物已经在环境中存在了几个世纪。含有芳香烃的烟尘就是一个例子。随着工业时代的来临，世界上发生着持续加速的变化，很多化学和物理材料组成的人工环境正逐步取代自然环境，其中很多材料具有能够诱发某些生理变化的强大能力。对于自己亲手创造的这些致癌物，人类没有任何防护措施，因为人类的进化十分缓慢，所以对新条件的适应也是极其迟缓的。因而，这些强力致癌物能轻易地突破人体脆弱的防线。

癌症这种疾病非常古老，但是我们对于癌症诱因的认识却起步很晚。大约两个世纪以前，伦敦的一名医生才发现外部或环境因素能够导致恶性肿瘤的发生。在 1775 年，波西瓦·帕特爵士宣称，烟囱清洁工群体中极为常见的阴囊癌一定是由其体内累积的烟尘所致。当时他还无法提供我们今日所需的"证据"，但是现代科学技术已经分离出了烟尘中的致癌物，证明了他的观点是正确的。

距帕特爵士的发现一个多世纪后，人们的认识一直止步不前，并没有认识到环境中的一些化学品经反复的皮肤接触、吸入或者吞食能够致癌。尽管如此，也有人注意到在康沃尔和威尔士地区的炼铜厂、铸锡厂工作的工人，由于长期接触含砷烟雾，普遍患有皮肤癌。人们还发现，萨克森州的钴矿工人和波西米亚省约阿希姆斯塔尔的铀矿工人会患上一种肺病，后来被确诊为癌症。但这些只是前工业时代的现象。如今这个时代里工业发展繁荣，各种化学品充斥着世界的各个角落。

直到 19 世纪最后的 20 多年里，人们才开始认识到恶性病变始于工业时代。当时，巴斯德正在努力证明微生物是许多传染病的根源，而另一些科学家则正探索造成萨克森新兴的褐煤业和苏格兰页岩产业的工人罹患皮肤癌的化学诱因，以及其他在工作中接触柏油和沥青的工人多发癌症的原因。到了 19 世纪末，人类已经发现了 6 种致癌物；而到了 20 世纪，无数的致癌化学品被创造出来，并与普通人密切接触。在帕特完成研究之后不到两个世纪的时间内，人类身处的环境发生了巨大的变化。危险也不再局限在化学品从业人员身上，它已经进入每个人的生活——甚至包括未出生的胎儿，所以现在有如此多的恶性疾病也就不足为怪了。

恶性病变的增加并非人们的一种主观印象。1959 年 7 月，美国人口统计局的月报显示，恶性疾病（包括淋巴和造血组织肿瘤）造成的死亡人数占 1958 年死亡总人数的 15%，而 1900 年仅占 4%。根据目前的发病率，美国癌症协会估计现有人口中将有 4500 万人最终会身患癌症。这就意味着，三分之二的家庭将会遭到恶性疾病的打击。

儿童的身体健康状况更加令人担忧。25 年前，儿童患癌在医学上很罕见。如今，死于癌症的儿童比其他任何疾病都多。波士顿的情况尤为糟糕，所以该市成立了一家专门治疗儿童癌症的医院。1 岁到 14 岁的死亡儿童中，死于癌症的占12%；在不到 5 岁的儿童中，临床上也出现了大量恶性肿瘤病例。但更令人恐惧的是，很多刚出生的婴儿或者未出生的胎儿的癌症患病率也在不断增加。美国国家癌症研究所的休伯博士是研究环境致癌领域的权威，他指出，先天性癌症和婴儿期患癌可能与母亲怀孕期间接触致癌物质有关，这些物质进入胎盘后，严重危害成长中的胚胎组织。实验也证明，接触致癌物质的动物越幼小，就越容易患癌。佛罗里达大学的弗朗西斯·雷博士警告说："在食物中添加化学品会导致儿童患癌……可能在一两代人之后，我们都不知道会发生什么情况。"

我们目前还应该关心的问题是，人类用来控制自然的化学品是否会直接或间接致癌。动物实验已经证明有五六种杀虫剂可以认定为致癌物。如果加上一些医生认为的可以导致白血病的化学物质，那么这份致癌名单会更长。因为我们不可能在人的身上做实验，这些证据都属于间接证据，但已经相当触目惊心。如果加上那些导致活体组织和活性细胞间接致癌的化学品，还会有更多的杀虫剂被列入这个名单。

含砷物质是最早被发现与癌症有关的化学品，用作除草剂的亚砷酸钠和杀虫剂中的砷酸钙和其他药剂中的化合物都是它的存在形式。砷与人类癌症、动物癌症的关系由来已久。休伯博士在他的砷专题著作《职业肿瘤》中也提到了接触砷的后果——西里西亚地区雷切斯坦市近千年以来一直是金、银的重要产区，砷矿的开采也有几百年的时间。几个世纪以来，砷矿废料堆积在矿井周围，被山上冲下来的溪流带到山下，地下水源受到了污染，砷由此进入人们的饮用水中。数百年以来，当地很多居民遭受"赖兴斯坦病"的折磨——此病系慢性砷中毒所致，症状主要表现为肝、皮肤、消化系统和神经系统等的功能紊乱，恶性肿瘤也是常见的并发症。如今，这种疾病已经成为历史，因为 20 多年以前，当地启用了新水源，水里的砷也在很大程度上被清除了。然而，在阿根廷的科尔多瓦省，由于取自岩层的饮用水中含砷，伴有皮肤癌的慢性砷中毒情况在当地仍很严重。

长期使用含砷杀虫剂很容易形成类似赖兴斯坦和科尔多瓦的情况。如今，美国烟草种植区、西北部果园和东部蓝莓产区都在大肆使用含砷药剂，土壤中砷含量极高，很容易对当地的水资源造成污染。

砷污染不仅危害人类，还会伤及动物。1936 年，德国发布了一份重要的报告，提到在萨克森州的弗莱堡市，银、铅冶炼厂向空中喷出的大量含砷烟尘已随风飘向周围的村庄，覆盖在植物的茎叶上。据休伯博士说，以这些植物为食的马、牛、山羊和猪等身上出现了脱毛和皮肤加厚的症状。附近森林里的鹿则出现了异常色斑和癌症前期的疣肿，其中一只已经很明显患上了癌症。所有受影响的家畜和野生动物都因此出现了"砷肠炎、胃溃疡和肝硬化"。圈养在冶炼厂附近的羊群患上了鼻窦癌，它们死后，研究人员在其大脑、肝脏和肿瘤中都检测出了砷。这个地区的"昆虫也出现了大量死亡的情况，尤其是蜜蜂。下过雨后，含砷粉尘又被雨水冲进了溪流和池塘，造成了大量的鱼类死亡"。

广泛用于治理螨虫和蜱虫的一种新型有机杀虫剂也属于致癌物。这种药物的使用历史充分证明，尽管立法机构提供了所谓的安全保障，但是由于法律程序的推行迟缓，在政府行动之前，公众已经接触致癌物数年之久。这个故事从另一个角度看也是耐人寻味的：今天劝说公众接受的"安全"事物，明天可能就会变得非常危险。

1955年，这种化学品刚刚上市的时候，生产商曾为其申请了一个容许限值，即允许此种药剂在农作物上少量残留。根据法律规定，他们在动物身上做了实验，并把实验结果一起递交给官方机构。但是，美国食品药品监督管理局的科学家认为这种产品有致癌的风险，于是该局局长建议实行"零容忍"，也就是说，州际贸易食品绝不能含有任何药物残留。但是，生产商对此有权进行上诉，于是此案交由一个委员会定夺。最后，委员会做出了一个折中的决定：允许此药物设定 1 ppm 的容许值，暂定两年的销售期；在此期间继续进行实验测试，以确定其是否致癌。

尽管委员会没有明说，这一决议实际上就是把公众当成了豚鼠，就像实验室里狗和老鼠一样，用来测试可疑致癌物，而动物实验很快就得出了结论——两年后，这种除螨剂也被确认为致癌物。但是到了 1957 年，食品药品监督管理局仍未能撤销容许限值，已知的致癌物质仍继续污染公众的日常食物。各种法律程序又耗费了一年的时间，直到 1958 年 12 月，局长于 1955 年建议的"零容忍"才得以实行。

这些绝不是杀虫剂中所有已知的致癌物。实验室中进行的动物实验显示，DDT 也会引发疑似肝脏肿瘤。报告这一发现的食品药品监督管理局的科学家虽然不知道如何对此进行归类，但还是隐约"有理由将它们定为初级肝癌细胞"。目前，休伯博士已明确地把 DDT 纳入"化学致癌物"。

人们还发现，属于氨基甲酸酯类的两种除草剂 IPC 和 CIPC 可以引起老鼠皮肤肿瘤，其中有些甚至是恶性的。这些化学品首先会引起恶性病变，然后在环境中充斥的其他化学品的共同作用下完成病变过程。

实验显示，除草剂氨基三唑能够诱发受试动物的甲状腺癌。1959 年，一些蔓越莓种植户误用了这种化学品，导致一些待售的浆果中出现药物残留。食品药物监督管理局没收这些受污染的水果后，很多人依然不相信这种化学品会致癌，其中包括很多医学界人士。于是该局决定用事实说话，发布了科学的数据以证明氨基三唑确实会致使实验老鼠患癌——这些老鼠被喂食浓度为 100 ppm 氨基三唑（一万匙水中加入一匙氨基三唑）的水之后，从第 68 周开始，老鼠就患上了甲状腺肿瘤。两年后，超过一半的实验老鼠都出现了肿瘤，经诊断有的是良性的，有的是恶性的。即使小剂量的喂食也会引发肿瘤——实际上，任何剂量的氨基三唑都会产生影响。当然，没人知道多大剂量的氨基三唑会使人类患癌，但是哈佛大学的医学教授大卫·鲁茨坦已经指出，原本帮助人类除草的剂量，很可能就是危害人体的致癌剂量。

截至目前，人类要想弄清楚新型氯化烃杀虫剂和除草剂的全部危害仍需大量的时间。大部分恶性疾病发展得都非常缓慢，需要将患者的一生分割开来，才能找出临床症状的节点。20 世纪 20 年代早期，给钟表转盘涂上发光数字的女工因嘴唇不小心接触笔刷而摄入了少量的镭。15 年或更久之后，其中一些女工患上了骨癌。可见，工作中接触化学物质的人要在15 年到 30 年，甚至更久之后，一些癌症的症状才会开始显现。

与产业工人接触致癌物质的悠久历史相比，军人在 1942 年才首次接触 DDT，而普通居民则是从 1945 年开始的。直到 20

世纪 50 年代，林林总总的化学品才开始广泛投入使用。然而，这些化学品播下的恶毒之种也已开始生根发芽，后果还未显现。

虽然大部分恶性病变的潜伏期都很长，但有一个例外——白血病。在原子弹爆炸 3 年后，广岛的幸存者们就患上了白血病，所以我们有理由相信其潜伏期可能非常短。也许不久后科学家会发现其他癌症的潜伏期也相对较短，但截至目前，白血病是发病缓慢的癌症中的一个例外。

自现代杀虫剂兴起以来，白血病患者逐渐增多。美国国家人口统计局提供的数据清楚显示，造血组织病变正急剧增加。1960 年，仅白血病就造成了 12290 人死亡。1950 年，死于血液和恶性淋巴肿瘤的患者为 16690 人，1960 年甚至猛增至 25400 人。按每 10 万人的死亡数量来计算，这一数字从 1950 年的 11.1 人上升到 1960 年的 14.1 人。这种快速的死亡增长趋势并不局限于美国，各个国家死于白血病的人数正以每年 4% ~ 5% 的速度增加。这意味着什么？人类日益频繁接触的致命化学品又是什么呢？

像梅奥医院这样世界著名的医疗机构已经确认有数百名患者死于这种造血组织疾病。该医院血液科的马尔科姆·哈格雷夫斯博士以及他的同事报告说，这些病人曾经接触过多种有毒的化学药品，主要包括 DDT、氯丹、苯、林丹以及石油馏出物等各种喷剂。

哈格雷夫斯博士认为，与使用有毒物质相关的环境性疾病一直不断增加，"尤其是在最近 10 年里"。根据丰富的临床经验，他总结道："大部分患有血液病和淋巴疾病的病人都曾长期接触各种烃类化合物，而今天的大部分杀虫剂都属于这类化学品。只要仔细研究病历总会发现其中的联系。"哈格雷夫斯博士诊治过大量白血病、再生障碍性贫血、霍奇金病以及造血组织紊乱的病患，他对每一位患者都做了详细的病历记录。他表示："他们都曾接触过环境性致癌物质，而且接触剂量极大。"

这些病例说明了什么呢？拿一个讨厌蜘蛛的妇女为例。8 月中旬，她进入了地下室，手里拿着含有 DDT 和石油馏出物的喷雾器，对整个地下室喷了一遍药，楼梯下、水果柜、天花板和椽子上的所有角落无一处落下。喷完后，她立即感到极度不适，恶心、烦躁、极度紧张。过了几天，她感觉好了一些。然而，她显然没有意识到发病的原因，所以她在 9 月份又喷了一遍。喷药，生病，暂时恢复，再次喷药，就这样经历了两次循环。在第三次喷药的时候，她出现了新症状：发烧、关节疼、浑身不适，一条腿也得了急性静脉炎。经哈格雷夫斯博士检查后发现，这个妇女患上了急性白血病。一个月后，她就死了。

哈格雷夫斯博士的另一位病人是一位职员，他的办公室就坐落在一栋陈旧的楼里，时常会有蟑螂出没，这令他烦恼不已。于是，他决定亲手消灭掉这些蟑螂。在一个星期天，他花了大半天的时间把整个地下室喷了一遍药，犄角旮旯都没放过，使用的是 DDT 浓度为 25% 的甲化萘溶液。很快，他的身体上出现了瘀青，并开始出血。他带着满身的伤口去了血液科就诊，经检测分析，确诊了严重的骨髓衰退症——再生障碍性贫血。在之后的五个半月里，他输了 59 次血，还进行了其他辅助治疗。后来，他在一定程度上恢复了健康，但在大约 9 年后，又患上了致命的白血病。

这些病例显示，病患接触得最多的杀虫剂包括 DDT、林丹、六氯化苯、硝基酚、对二氯苯樟脑丸、氯丹及其溶剂等。正如哈格雷夫斯博士所强调的一样，单纯地接触一种化学品的情况并不常见，有的也是特例。农药产品通常包含多种化学物质，这些化学物质会溶于石油馏出物和一些分散剂。损害造血器官的物质很可能是含有芳香烃和不饱和烃的溶剂，而非农药。不过，从实操角度（而不是医学角度）看，农药与溶剂的区别并不重要，因为平时的喷药作业都离不开这种石油馏出物。

美国和其他一些国家的医学文献记载了很多病例，都可以支持哈格雷夫斯博士的观点，即这些化学品与白血病及其他血液病之间存在因果关系。病例中的患者多是普通群众：被自家喷药设备或飞机喷药伤害的农民，喷药杀蚁后却继续待在书房学习的大学生，在家中装了便携式林丹雾化器的妇女，在喷过氯丹和毒杀芬的棉地里劳作的工人等。在这些晦涩的医学术语的背后，暗藏着一起又一起的人间悲剧——捷克斯洛伐克有两个表兄弟，他们生活在同一个镇子里，经常一起玩耍，一起干活。他们生前做的最后一份工作是在一个农场里合伙卸下成袋的杀虫剂（六氯化苯）。8个月后，其中一个男孩得了急性白血病，9天后就死了。此时，他的表兄弟也开始出现疲劳和发烧的症状。不到3个月，他的病情就开始恶化，随后也被送往医院。经诊断，他也得了急性白血病，最终，病魔也夺走了另一个生命。

还有一名瑞典公民，他的经历让人想起日本渔夫久保山驾驶"福龙丸号"金枪鱼船的故事。跟久保山一样，这个农民一直很健康，他靠种地过活，而久保山以捕鱼为生。但这两个人却都被从天空飘下的毒物宣判了死刑，一个遭遇的是放射性烟尘，另一个是化学粉尘。这个瑞典农民用含有DDT和六氯化苯的粉剂喷洒了约60英亩的土地，就在他喷药的时候，一阵微风卷起了药粉，在他身边打转。根据隆德市医院的记载："当天晚上，他就感到疲惫不堪。在之后的几天里，他总是感觉很虚弱，背疼、腿疼、浑身发冷，只能在床上躺着。后来他的病情日益恶化，到了5月19日（喷药一周后）才向当地医院申请住院。"他那时高烧不退，血细胞水平也不正常，最后被转送到了隆德市医院，挨过两个半月后就去世了。尸检结果显示，他的骨髓已经完全萎缩了。

细胞分裂这种本来正常且必要的生理过程怎么突然变得如此异常且极具危害性了呢？这个问题备受科学家的关注，也耗费了大量的研究资金。细胞内部到底发生了什么，以至于有序增长的细胞突然变成了疯狂失控的癌细胞呢？

这个答案肯定是相当复杂的。因为癌症本身就形式多样，它的病源、发病过程、其生长和退化的控制因素都有所不同，所以原因肯定复杂多样。但是，在众多表象之下，主要起因可能只是几种基本的细胞损伤。世界各地都在进行这方面的研究，有的甚至不在癌症研究的名目之下，但就是这些零散的研究，让我们看到了一丝解决问题的曙光。

我们再次发现，只有观察生命的最小单位——细胞和染色体，才能获得更广阔的视野来揭露癌症之谜。在这个微观世界里，我们必须找到让细胞神奇的运行机制变得异常的因素。

关于癌细胞起源的理论有多种，其中最受人关注的理论就是由德国马克思·普朗克细胞生理学研究所的生化学家奥托·沃伯格教授提出的。他一生致力于细胞内部氧化过程的研究。凭借丰富的背景知识，他清晰地解释了正常细胞癌变的过程。

沃伯格教授认为，不论是辐射还是化学致癌物，都是通过破坏细胞的正常呼吸作用，致使细胞失去能量。反复小剂量地接触这些物质，就会导致细胞呼吸受阻，一旦造成影响就无法恢复。没有被毒素杀死的细胞会努力补充失去的能量，但这些细胞再也不能进行精密有效的循环来生产大量的 ATP 了，它们不得不采取原始低效的发酵方法。这种通过发酵求生的模式会持续很长时间，而细胞分裂会把这种发酵呼吸的方式一代代传递给子细胞，以致后代细胞会延续这种异常的呼吸方式——一旦细胞失去了正常的呼吸能力，就很难恢复，1 年、10 年甚至几十年都无法恢复。幸存的细胞为了补充失去的能量要进行持久的斗争，并以增加发酵的方法来代偿呼吸作用。这是一场达尔文式的斗争，只有适应能力最强的细胞才能生存下来。最后，细胞通过发酵产生和呼吸作用同等的能量。到了这一步，我们就可以说，一颗正常的细胞也就变成了癌细胞。

沃伯格的理论也能够解释其他很多令人迷惑的问题。大部分癌症之所以潜伏期很长，是因为呼吸作用首次受损后，细胞需要进行无数次细胞分裂，逐渐增强发酵作用。物种不同，发酵作用的速度也会不相同，因而细胞形成发酵呼吸能力所需时间也不同：老鼠细胞所需时间较短，癌症发作很快；人类细胞则需要很长时间（可能需要几十年），因此病情发展的速度十分缓慢。

沃伯格的理论还解释了为什么重复小剂量接触比一次性大剂量接触更加危险。因为后者可以直接杀死细胞，而小剂量反复接触则会让细胞在受损的情况下存活下来，幸存的细胞最终就会发展成癌症。这也就是致癌物质不存在"安全"与否的原因。

根据沃伯格的理论，我们还可以解释另一种难以解释的现象——同一种元素可以用来治疗癌症，也可以引发癌症。众所周知，辐射就是这样一种物质，它能杀死癌细胞，也能引起癌变。很多用于治疗癌症的化学品也是如此。为什么会这样呢？这是因为两种物质都会破坏呼吸作用。癌细胞的呼吸作用已经受损，继续破坏会导致癌细胞死亡；而正常细胞的呼吸作用在遭到第一次破坏后，虽然不会立刻死亡，但已经走上了通往癌变的道路。

1953 年，其他研究人员通过长时间、间歇性地剥夺正常细胞供氧，将正常的细胞转化成了癌细胞，从而证实了沃伯格的观点。1961 年，他的理论再次得到了证实。这次是通过活体动物，而不是人工培养的组织。研究人员在患癌老鼠体内注入放射性追踪物质，仔细观测老鼠的呼吸，发现其细胞的发酵速度明显超出正常水平，与沃伯格的预测一致。

根据沃伯格确立的标准，大部分杀虫剂都能致癌。正如我们在前一章提到的那样，很多氯化烃类、酚类和一些除草剂都会破坏细胞的氧化和能量产生机制，由此可能产生休眠癌细胞。这些不可逆转的恶性肿瘤细胞长期处于蛰伏状态，也无法检测。直到病因被彻底遗忘，甚至毫不被怀疑的时候，它们就会突然暴发，癌症就此出现。

另一种致癌途径可能与染色体相关。这一领域的很多著名专家对于一切破坏染色体、干扰细胞分裂或引起突变的因素都持怀疑态度。因为在他们眼里，任何突变都可能是癌症的潜在诱因。尽管突变理论更多涉及的是生殖细胞，可能未来几代人才会感到它的威力，但是身体细胞也存在突变可能。根据癌症起源的突变理论，受了辐射或者化学品影响的细胞会发生突变，进而使其分裂脱离身体控制，无规律、无限制地增殖。通过这种分裂生成的新细胞也具备逃脱控制的能力，假以时日，它们就会集聚成癌症。其他研究人员还指出，癌组织中的染色体是不稳定的，它们容易断裂或受损，数量也不稳定，甚至可能出现两套染色体。

最先对染色体异常至恶性病变的全过程进行追踪的科学家是艾伯特·莱文和约翰·波塞尔，他们俩都在纽约著名的斯隆－凯特林癌症研究所工作。关于恶性病变与染色体变异哪个先出现，他们毫不犹豫地认为，"染色体变异早于恶性病变"。他们推测了这样一个过程：在染色体开始受到损伤并出现不稳定的情况后，多代细胞会进行反复试验和试误（恶性病变的漫长潜伏期），在此期间会发生各种突变，导致细胞脱离机体控制，并开始无规律地增殖——这就是癌症。

欧基维德·温格是染色体变异理论的早期支持者之一。他认为染色体倍增的情况尤为值得注意。经过反复观察，人们发现六氯化苯及其同类化学品林丹会使实验植物的染色体数量翻倍，而这些化学品又恰恰与很多记录在案的贫血症死亡病例有关，这是巧合吗？其他干扰细胞分裂的杀虫剂会不会破坏染色体并引起突变呢？

白血病是接触辐射或者类辐射化学品引发的最常见疾病，这个问题其实不难理解。物理或者化学诱变因素的主要攻击目标是格外活跃的细胞，包括人体的各种组织，尤其是造血组织。骨髓是红细胞的主要制造器官，每秒向血液输送超过1000万的新细胞。白细胞则形成于淋巴结和一些骨髓细胞中，其生长速度不定，但数量同样惊人。

某些化学品跟锶90这类的放射性物质一样，与骨髓关联密切。苯是杀虫溶剂的常见成分，它会进入骨髓，并在那里存留长达20个月的时间。多年来，医学专著已将苯列为诱发白血病的一个致命物质。

儿童体内组织生长迅速，也给病变细胞提供了适宜的环境。麦克法兰·伯奈特爵士曾指出，白血病不仅在世界范围内增长迅速，而且已经成了三四岁儿童的常见疾病，这是该年龄阶段其他疾病发病率所无法比拟的。这位权威还说："三四岁成为发病高峰阶段只存在一种解释——在孩童出生前后接触了诱变物质。"

另一种已知的致癌诱变剂是尿烷。怀孕的母鼠接触尿烷后，它们和幼鼠都会患上肺癌。因为实验幼鼠唯一一次接触尿烷是在出生前，这就证明尿烷一定是通过母鼠的胎盘传入幼鼠体内的。正如休伯博士所警告的那样，如果有人接触了尿烷或相关化学品，其子女在婴幼儿时期也可能会因此而患上肿瘤。

属于氨基甲酸酯类的尿烷与除草剂 IPC、CIPC 的化学成分类似。尽管有癌症专家再三发出警告，氨基甲酸酯类仍广泛应用于杀虫剂、除草剂、除菌剂，还用于生塑化剂、药品、衣物、绝缘材料等各种产品。

通向癌症的道路也可能是间接的。在一般情况下不会引发癌症的物质，也可能破坏身体某部分的机能，进而导致恶性病变。与性激素失调有关的癌症，尤其是生殖系统的癌症，便是一个重要的例子。在某些情况下，性激素失衡可能是由于肝脏功能受损从而无法保持性激素平衡。氯化烃类产品就具有这种能够间接致癌的特性，因为它们在一定程度上都能对肝脏造成损伤。

正常来说，性激素在体内会保持正常水平，而且它们在促进生殖器官发育方面起着重要作用。但我们身体存在一种内在机制——肝脏会控制雄性激素和雌性激素的平衡（这两种激素同时存在于两性体内，只是数量上有所不同），以避免其中一种过度积累。但是，如果肝脏受到疾病或者化学品的破坏，或者体内 B 族复合维生素供应不足，肝脏就不能发挥平衡作用。在这种情况下，雌性激素就会达到一个异常高的水平。

后果将会如何呢？至少我们在动物实验中找到了充分的证据。洛克菲勒医学研究院的一名研究人员发现，因疾病而肝脏受损的兔子患上子宫肿瘤的概率很高，这可能是因为肝脏不能再抑制血液中的雌性激素，所以它们"上升到了致癌的水平"。对小鼠、大鼠、豚鼠和猴子的多项实验也表明，雌性激素的长期主导作用（不一定数量特别多）能够引起生殖器官组织的变化，"从良性过度增殖到恶性病变"。仓鼠肾脏肿瘤即是雌性激素过量诱发的。

虽然医学界对于这一问题存在争议，但大量证据表明人类组织也可能出现类似的病变。麦吉尔大学维多利亚皇家医院的研究人员发现，在他们研究过的 150 例子宫癌病例中，有三分之二的患者有雌性激素异常增高的现象。在后来研究的 20 个病例中，90% 存在雌性激素过于活跃的情况。

有时候，肝脏可能已经受到了损害而无法控制雌性激素的水平，但现有医学技术却检测不出来。正如我们所知，氯化烃类化学品就能轻易地导致这种情况——只需小剂量摄入就会引起肝脏细胞的变化，并造成维生素 B 的流失。维生素流失问题也非常重要，因为有很多证据显示维生素 B 具有抗癌作用。斯隆－凯特林癌症研究所原院长罗兹发现，给动物喂食含有天然维生素 B 的酵母后，即便接触强力致癌化学品，它们也不会得癌症；缺乏维生素则可能会导致口腔癌和消化道癌症。不仅在美国，在瑞典、芬兰两国的北部地区也有类似的情况，因为那里人们的饮食中普遍缺少维生素。营养不良的人群也易患原发性肝癌，如非洲的班图部落。非洲部分地区多发男性乳腺癌，这种疾病与肝病和营养不良有关。而第二次世界大战后，希腊男性乳房增大现象也与饥荒时期的营养不良有关。

简单说来，杀虫剂能够损伤肝脏并减少维生素 B 的供应，导致体内自生的雌性激素增多，进而间接地引发癌症。除此之外，我们还会越来越多地接触到各种合成雌性激素——它们普遍存在于化妆品、药品、食物以及相关职业过程中。这些内生的雌性激素和外在合成的雌性激素彼此混合，足以形成令人警惕的威胁。

人类与化学品（包括杀虫剂）的接触极不可控，其接触形式也多种多样。一个人可能会通过多种方式触及同一化学品。砷就是一个例子，它以不同的形式在人类的生活环境中出现：空气污染物、水污染物、食品药物残留、药品、化妆品、木材防腐剂以及油漆或油墨中的染色剂等。任何一次单独接触还不足以引起病变，但由于众多化学品"安全剂量"的积累，以致任何一次单独接触都有可能超过人体承受的限度。

或者，两种或两种以上不同的致癌物质会同时起作用，它们的效应还会叠加在一起。比如，一个人接触了 DDT，几乎必然会接触其他损伤肝脏的化学品，后者被广泛用作溶剂、脱漆剂、脱脂剂、干洗液以及麻醉剂。如此看来，DDT 的"安全剂量"又该是多少呢？

一种化学物质可能作用于另一种化学物质，并改变其特性，这就使情况变得更加复杂。有时候，两种化学药剂共同作用才能引发癌症，其中一种使细胞或组织变得敏感，另一种化学品或催化剂负责进一步发生作用，细胞因此才会发生真正的恶性病变。除草剂 IPC 和 CIPC 就充当了皮肤癌的急先锋——它们埋下了病变的种子，然后坐等其他同伙物质的到来（可能只是普通的清洁剂），诱发实际的病变。

物理元素和化学元素之间也存在相互作用。例如，白血病可经两个步骤形成：X 射线引发恶性病变，然后一种化学物质（例如尿烷）发挥促进作用。人类受到的辐射日益增多，再加上各种化学品的接触——这已经构成了现代社会独有的严峻问题。

放射性物质对水源的污染也是一个威胁。放射性物质作为污染物，可以通过电离作用，使水中化学物质的原子重新排列，从而彻底改变其性质，创造出新的化学物质。

美国的水污染专家都在担心清洁剂污染公共水源的问题，时至今日仍没有找到清除它们的办法。清洁剂属于间接致癌物，它们会作用于消化道的内壁，改变组织，使其更容易吸收危险的化学品，进而加快致癌效应。但是，谁能预见并控制这种作用呢？环境千变万化，除了零剂量，这个世界上还存在致癌物的"安全"剂量吗？

我们忍受着环境中的各种致癌物质，令自己身处险境。近来的一起事件就很能说明问题。1961年春天，很多联邦、州级和私人的虹鳟鱼孵化场暴发了肝癌。美国东部和西部的鳟鱼都受到了影响——在一些地区，几乎所有3岁以上的鳟鱼都患上了肝癌。这一数据的获得得益于国家癌症研究所环境癌症科与鱼类及野生动植物管理局预先达成的一项检测鱼类肿瘤的协议，旨在提防水污染给人类带来的致癌风险，以便能够提前发出预警。

虽然肝癌暴发的原因仍在研究中，但最有力的证据指向了孵化场备用饵料中的某种物质。除了基本食物成分，饵料中还包括各种化学添加剂和药物。

虹鳟鱼的故事具有多重意义，但最主要的是揭示了强力致癌物进入生存环境后会带来什么样的后果。休伯博士认为癌症多发是一个严重的警告，人类必须控制环境致癌物的数量和种类，"如果不采取预防措施，人类很快就会经历类似的灾难"。

正如一位研究人员所形容的，发现我们生活在一个"致癌物的海洋里"不免令人沮丧，甚至感到绝望，倒向失败主义。对此，大部分人的反应是："这不是无可救药了吗？清除致癌物质是不可能的吧？别做无用功了，把精力放在研究治疗办法上，不是更好吗？"

经过长时间的深思熟虑，休伯博士给出了答案。休伯博士多年来致力于癌症的研究工作，经验丰富，成果斐然，这令他的观点愈加受人重视。他认为，我们目前面临的癌症与19世纪末人类经历的传染病极为相似。因为巴斯德和科赫的杰出工作让我们了解到病原生物与许多疾病之间的因果关系。医务人员和普通民众都知道，人类生存环境中存在大量致病微生物，就像今天致癌物遍及我们周围一样。大多数传染病已经被人类控制在了合理程度之内，其中一些已经被彻底消灭。如此辉煌成就的取得靠的是严格的预防和有效的治疗。尽管在外行人看来是"神奇的药丸"和"灵丹妙药"的功劳，但这场战争中致病微生物的清除才是决定性的胜利。一百多年前，伦敦霍乱的大暴发就是一个经典案例。当时伦敦的一名医生约翰·斯诺根据病例分布绘制了一张地图，发现疾病发源于同一个地方，这里的居民都在"宽街"的一口井中取水。根据预防医学的要求，斯诺博士立刻拆除了抽水机的手柄。从此，疾病得到了控制——不是神奇的药片杀死了霍乱细菌（当时病菌还不为人所知），而是环境中微生物被根除了。可见，有效的治愈措施不仅要治愈患者，铲除病源在治疗中也一样重要。举个例子，如今肺结核之所以相对少见，很大程度上是因为人们很少接触到结核杆菌。

今天，我们的世界充满了致癌因素。休伯博士认为，将全部或者大部分精力投入抗击癌症（假设能找到治愈的方法）终将遭遇失败，因为大量的致癌物质仍毫发无损，它们的致病速度要比虚无缥缈的"治愈"疗法快得多。

我们为何迟迟没有采取这种常识性的方法来解决癌症问题呢？"与预防措施相比，治愈癌症患者这一目标更振奋人心、更耀眼、更触手可及、更有成就感"，休伯博士说道。然而，预防癌症的这一思路"更加人道"，而且"一定比癌症治疗效果更好"。休伯博士从来不相信"早餐前服用一粒药丸就能预防癌症"这一类的痴心妄想，而人们之所以相信这种荒诞说法是因为对癌症心存误解——癌症虽然神秘莫测，却是由单一原因引起的，因而用单一的疗法就能治好。很明显，这与真相相去甚远，就像环境性癌症是由多种化学和物理因素引起的一样，恶性病变本身的情况与生理表现也不尽相同。

即使期盼已久的"突破"有朝一日变成事实，也并不能成为医治所有恶性疾病的灵丹妙药。我们还要继续寻找治疗方法来为患者减轻病痛，但寄希望于一蹴而就解决问题的幻想只会给人类带来伤害。治愈癌症将是一个缓慢的过程，需要一步一步地解决。然而，就在我们把大把金钱撒向研究领域、期望找到治愈癌症患者的疗法时，我们其实也忽视了预防癌症的黄金机会。

但这并不意味着预防癌症已经毫无希望。因为从一个重要的方面看来，其前景与 19 世纪末传染病的肆虐相比更为乐观。就像今天到处是致癌物一样，那时满世界里都是病菌，但人类并不是病菌蔓延的元凶，也没有进行主动传播。相反，现代环境中的大部分致癌物是人类自己散播的，只要他们愿意，就能清除许多致癌物。致癌的化学物质通过两种途径扎根于地球：第一种颇具讽刺的意味，是由于人们追求更舒适、更便捷的生活所致；第二种是这些化学品的生产和销售已经成为我们经济和生活方式中理所当然的一部分。

将所有致癌物从现代生活中清除出去是不现实的。但其中的大部分根本不是生活的必需品。如果人类把这些不必要的化学品抛弃的话，将大大减少致癌物的总量，现有人口的四分之一罹患癌症的风险也会大大降低。因此，我们需要付出最坚定的努力，杜绝致癌物继续污染我们的食物、水源和大气——纵然接触剂量微小，但是长年累月地反复摄入，却是目前最危险的一种致癌方式。

癌症研究领域的很多著名专家也与休伯博士一样，认为通过查明环境诱因，清除或减轻其影响，可以显著减少恶性疾病的发生。对于那些潜在或者明确患癌的病人来说，当务之急则是继续探寻治疗方法。但对于那些尚未患癌以及尚未出生的后代来说，实行预防措施是当务之急。

第十五章 自然的反击

人类冒着巨大的风险，按照自己的喜好改造自然，最后却一败涂地，确实是一个莫大的讽刺。但这就是我们的处境。一个鲜有人提及的真相是如此显而易见：大自然没那么容易屈服，即使是不起眼的昆虫也已经找到了对付人类化学攻击的方法。

荷兰生物学家布雷约说："昆虫世界里有自然中最不可思议的奇观。在这里，没有什么不可能，那些看起来最不可思议的事情在这里都会司空见惯地发生。深入研究昆虫奥秘的人总会惊愕得无法呼吸，他知道任何事情都可能发生，即使是最不可能的事。"

如今，"不可能的事"正在两大领域发生。一是通过基因选择，昆虫有了抗药性，下一章将会谈到这部分内容。另一个我们需要注意的问题是，化学品攻击削弱了大自然的防线，而正是这样的防御机制保持着物种的平衡。每当我们破坏这些机制时，就会有大量害虫蜂拥而至。

从世界各地的报告来看，我们正身陷囹圄。经过了十多年的化学控制，昆虫学家发现几年前已解决的问题竟然死灰复燃，而且还出现了新的问题——过去那些数量本来不多的昆虫已经肆虐成灾。如此看来，化学控制简直是弄巧成拙，当初防治计划的设计和实行都没有考虑到复杂的生物系统，人们只知道盲目出击。使用的化学品也可能只在少数物种身上做过测试，但并没有经过全部生物群落的验证。

如今，很多地方的人都认为只有在很早以前的原始世界里才存在真正的自然平衡——但是现在这一切已经完全遭到破坏，所以大可以摒弃这种认知、无需考虑。有些人觉得这样的想法合乎情理，但若将它当作行动纲领则是极其危险的。当下的自然平衡已经不同于更新世了，但生物间复杂精确且高度统一的关系仍不容忽视，否则就像站在悬崖边上的人妄图挣脱地球引力一样，必定会受到大自然的惩罚。大自然的平衡并非恒定不动，而是处于一种流动的、变化的、不断调整的状态。人类身处其中，有时候这个过程会对人类有利，有时候又变得对人类有害，而这一切通常是由于人类自身的活动引起的。

现代社会中的昆虫防治计划在设计过程中忽略了两个至关重要的事实。第一，真正有效的昆虫防治机制来自自然，而不是人类。生物学家将控制物种数量的自然力量称之为环境阻力，这种阻力自生命开始出现就存在。食物的数量、天气和气候条件、竞争或猎食者的数量等，都是非常重要的阻力因素。

"防止昆虫在世界各地泛滥的最有效因素是昆虫内部存在的互相残杀"，昆虫学家罗伯特·梅特卡夫如是说。然而，目前的大部分化学品都没有选择性，无论昆虫是敌是友，全数屠戮一空。

第二个被忽略的事实是，一旦环境阻力遭到削弱，一个物种就会以爆炸性的方式迅速繁殖。很多生物的繁殖能力简直超乎我们的想象，尽管我们时常会见识一番。我记得在学生时代，在一个装有干草和水的罐子里加几滴原生动物的培养液就会出现奇迹般的变化：几天内，罐子里满是左冲右突的小生命——无数的草履虫，它们每一个都小如尘埃，在温度适宜、食物充足、没有天敌的伊甸园里无限繁殖。我也曾见到海边岩石上布满了白色的藤壶，还见到过一大群水母连绵数里的壮观景象，它们如鬼魅般颤动不已、无边无际，与海洋融为一体。

冬天，当鳕鱼从海洋游到产卵地时，我们就能见识到自然控制的神奇——每一条母鱼会产下数百万鱼卵，如果所有的鱼卵都发育成成鱼，那么海洋将会被鳕鱼填满，然而这种情况并没有发生。在一对鳕鱼所产的数百万鱼卵中，只有一小部分能够长成为代替父母的亲鱼①，这就是自然的制约力量。

———————————

① 发育到性成熟阶段，有繁殖能力的雄鱼或雌鱼。

生物学家们常常会自娱自乐式地设想，如果发生意外灾难，自然的制约全部失效，只有一个生物的后代能够存活，这将会是怎样的景象？一个世纪之前，托马斯·赫胥黎曾推测，一只雌性蚜虫（不经交配就可以神奇地产生后代）在一年中生产后代的总重量相当于鼎盛时期大清帝国所有人口的体重总和。

幸运的是，这只是理论上的极端情况，但是研究动物种群的人们最了解扰乱自然秩序引发的可怕后果。牧民消灭土狼的狂热行动造成田鼠成灾，因为土狼控制着田鼠的数量。亚利桑那州凯巴布高原上鹿群的故事是人们耳熟能详的另一个例子。鹿群的数量曾经与生存环境处于平衡状态。各种猎食动物（狼、美洲狮、土狼）能够保证鹿群的数量不会超过食物的供应量。但是，人们为了"保护"鹿群，杀死了所有的天敌。猎食动物消失后，鹿群开始大量繁殖，很快就出现了食物短缺的情况。低矮的植物已经被吃光了，鹿群不得不努力啃食高处的树叶。后来，饿死的鹿竟然比猎食动物杀死的还要多。另外，由于鹿群疯狂地寻找食物，整个环境也遭到了破坏。

田野和森林中的捕食性昆虫所起的作用与凯巴布高原的狼和土狼一样。杀死了它们，其他被捕食的昆虫数量就会猛增。

没人知道地球上到底有多少种昆虫，因为还有很多种类尚未被人所知。不过，已知的种类就超过70万。从物种上看，这就意味着70% ~ 80%的地球生物是昆虫。大部分昆虫为自然力量所制约，而非人类的干预。如果不是这样，无论多大剂量的化学品，抑或是任何其他方法，恐怕都不能控制昆虫的数量。

但问题在于，只有当我们失去自然的保护作用后，才意识到昆虫自然天敌的作用。我们大多数人走马观花地行走在这个世界，却对它的神奇与美丽漠不关心，对我们周围的那些奇特、数目骇人的生命无知无觉。正因如此，人们对猎食性昆虫和寄生性昆虫的活动也了解甚少。也许，我们曾经注意到花园灌丛上一种形状怪异、姿态凶猛的昆虫——螳螂，模糊地知道它以其他昆虫为食。但是，只有我们在晚上的时候打着手电筒去花园闲逛，发现螳螂正悄悄逼近它的猎物时，我们才会明白猎食动物与猎物之间的戏剧性关系。由此，我们就会感受到大自然自我控制的强大力量。

猎食性昆虫（猎食其他昆虫的昆虫）有很多种类。一些昆虫的动作是非常敏捷的，可以像燕子一样在空中捕获猎物；还有一些昆虫会沿着树干缓缓爬行，沿路吞食像蚜虫这样不爱活动的小昆虫。黄蜂在捉到软体昆虫后，会把肉汁喂给幼虫。泥蜂会在屋檐下筑起圆柱状的蜂巢，并在巢里储存昆虫供幼蜂食用。沙黄峰会在牛群上方盘旋，杀死困扰牛群的吸血蝇。常被误认成嗡嗡直叫的蜜蜂的食蚜蝇，会选择在蚜虫肆虐的植物上产卵，这样孵化的幼虫就会吃掉大量的蚜虫。瓢虫可以有效地消灭蚜虫、介壳虫以及其他植食性昆虫。哪怕只产一次卵，一只瓢虫也需要吃掉成百上千只蚜虫，才能够储存足够的能量。

寄生性昆虫的习性更为特别。它们并不会直接杀死宿主，而是通过各种适应性的变化，利用宿主喂养自己的幼虫。他们会在宿主的幼虫或卵里产卵，这样它们的幼虫就可以直接以宿主为食。有的寄生性昆虫还会用一种黏液把卵附着在毛虫身上，孵出的寄生性幼虫就会从宿主的皮肤中钻出来。另外一些深谋远虑的寄生性昆虫会本能地把卵产在叶子上，这样觅食的毛虫会在无意间把这些卵吞入体内。

田野、灌木篱墙、花园和森林，到处都可以看见猎食性昆虫和寄生性昆虫忙碌的身影。一个池塘的上空，几只蜻蜓飞驰而过，在它们的翅膀上折射出的阳光如火花般耀眼。它们的祖先曾生活在拥有巨大爬行类动物的沼泽中。如今，它们仍像古时候一样，用锐利的眼神和像篮子一样的腿（它的六条腿合拢起来像一个篮子）在空中捕捉蚊子。蜻蜓幼体则在水下捕食水生阶段的蚊子幼虫及其他昆虫。

草蜻蛉是二叠纪时代的一种古老物种的后代，它长着绿纱般的翅膀和金色的眼睛，害羞而隐秘，趴在叶子上时几乎不可见。草蜻蛉成虫主要以花蜜和蚜虫的蜜汁为食，它会把卵产在一根细长丝柄的根部，将卵与叶子固定在一起。在这里，它们的奇特且带毛刺的幼虫蚜狮降生了。蚜狮靠捕食蚜虫、介壳虫或螨虫为生，它们捉到虫子后会吸干其汁液。在吐出白色的丝茧之前，每只蚜狮可以吃掉几百只蚜虫。

还有很多黄蜂和蝇类，也是通过寄生的方式以其他昆虫的卵和幼虫为食。一些寄生于卵的蜂类体形非常小，但是由于它们的数量庞大和活动力强，许多破坏庄稼的昆虫都因此得到了控制。

不分白天黑夜，不论晴天还是下雨，这些小生物都在辛勤地劳作，甚至直到严寒把生命之火变成一团灰烬，它们仍在坚持工作。等到万物复苏的春天来临时，隐约闪烁的生命之火会重新焕发生机。同时，在厚厚的积雪下，在冻得硬实的土层下，在树皮的缝隙间，在隐蔽的洞穴里，寄生性昆虫和捕食性昆虫各显神通，都找到了寒冬中的栖身之处。

螳螂的卵被雌螳螂安放在附着于灌木树枝上的薄卵鞘里，而雌螳螂的生命已经随着夏天的消逝而结束。

雌性造纸黄蜂隐藏在被遗忘的楼阁角落里，体内携带着大量承载了整个种群未来的受精卵。在春天到来的时候，它会在每一个巢室内产下几枚卵，小心地养育出一小群工蜂。在工蜂的帮助下，它会扩建蜂巢，让自己的族群不断发展壮大。而工蜂会在炎炎夏日觅食，从而吃掉无数的毛虫。

从生活习性和我们的需求来看，这些昆虫都成了我们的盟友，在保护自然平衡的斗争中于我们有利。然而，我们却把炮火指向自己的朋友。更可怕的是，我们严重低估了这些昆虫遏制敌人进攻方面的巨大价值。没有它们的帮助，人类恐怕会被害虫消灭。

每过一年，杀虫剂的数量、种类以及毒性就会随之增长，导致环境阻力出现普遍的、永久性的减弱，这一前景变得日益暗淡、真实。随着时间的流逝，我们可能遇到越来越多的严重的虫灾，它们有的传染疾病，有的毁坏庄稼，其种类大大超出我们的所知范围。你可能会问："这些不都是理论假设出来的吗？反正我这辈子是看不见了。"但这就是此时此刻正在发生的事情。据科学刊物记载，在1958年就有50种昆虫严重扰乱了自然平衡。此后的每年都会出现更多的例子。最近一篇相关的综述性研究论文，其参考文献高达215篇。这些论文都报告或者讨论了杀虫剂引起昆虫数量失衡的不利情况。

有时候，喷洒化学药剂的效果会适得其反。例如，安大略省在喷药后，黑蝇数量比以前增加了17倍。而在英格兰，在喷洒了一种有机磷农药后，卷心菜蚜的数量便直线上升，简直是史无前例的大暴发。

在其他情况下，喷药虽然能有效地控制目标昆虫，却也打开了一个充满害虫的潘多拉之盒，之前那些从来不惹麻烦的昆虫现在却泛滥成灾了。比如，在DDT和其他杀虫剂杀死红叶螨的天敌后，这种小虫子就在世界范围内泛滥成灾了。红叶螨其实不是昆虫，而是一种肉眼几乎不可见的八足生物，与蜘蛛、蝎子、蜱虫同属一类。红叶螨的口器长于穿刺和吸吮，它们特别喜欢给世界带来生机的叶绿素——它们会用尖细的口器刺入阔叶和常绿针叶的表皮细胞内，吸食叶绿素。受到红叶螨轻微侵染后，树木和灌丛就会呈现出胡椒粒一样的斑点；如果感染严重的话，植物的叶子就会变黄、凋落。

几年前，美国西部林区就发生过这样的事情。在1956年，美国林业局在88.5万英亩的森林上喷洒了DDT。喷药的目的原本是要控制蚜虫，但是到了第二年夏天，却出现了一个比蚜虫更严重的问题——从空中鸟瞰时，工作人员发现大片的森林已经枯萎，高大的花旗松正在变黄，针叶也开始凋落。从海伦娜国家森林到大贝尔特山西部斜坡，再到蒙大拿州的其他地区，往下延伸到爱达荷州，所有的森林都像被火烧过一样。很明显，1957年夏天出现了历史上规模最大、最严重的红叶螨灾害。几乎所有喷过药的地方都受到了影响，但其他地方的破坏并不明显。在寻找相似的先例时，护林员想到了多年前发生的几起红叶螨灾害：1929年的黄石公园麦迪逊河、1949年的科罗拉多州、1956年的新墨西哥州，这三个地区都出现过类似的情况，却远不如这次严重。每次红叶螨暴发都是在喷药之后（1929年喷洒的是砷酸铅，当时DDT还没发明）。

为什么红叶螨遇到杀虫剂反倒更加猖獗呢？一个明显的原因是红叶螨对杀虫剂并不敏感。除此之外，还有另外两个原因。红叶螨的数量由多种捕食性昆虫共同制约，主要包括瓢虫、瘿蚊、捕食性螨虫以及一些掠食性昆虫等，然而这些昆虫对杀虫剂都非常敏感。第三个原因与红叶螨种群内部的压力有关。一个未受干扰的红叶螨种群是非常密集的，它们会紧紧地挤在一张保护网之下躲避天敌。一旦喷药，它们并不会被毒死，只是在受到刺激之后分散开来，分头去寻找适合的藏身之处。如此一来，它们就会慢慢找到一个空间更广阔、食物更充足的集聚地。在所有的天敌都被杀死之后，红叶螨就可以不必花费精力去编织保护网了，只要全力以赴地投入到繁殖中即可，平均产卵量提高 3 倍也不足为奇——这一切都是拜杀虫剂所赐。

弗吉尼亚州的谢南多厄河谷是著名的苹果种植区，当 DDT 代替砷酸铅后，一种叫作红带卷叶虫的昆虫便泛滥成灾。在这之前，它的危害并不足为虑，但是它这次迅速成了果园中最厉害的害虫，并席卷了 50% 的农作物。随着 DDT 使用范围的扩大，不仅在本地，而且在美国东部和中西部，也能看见它的身影。

这种状况充满了讽刺意味。20 世纪 40 年代末，在新斯科舍省的果园中，定期喷药的果园成了苹果卷叶蛾（苹果虫蛀的原因）最严重的区域。而在没有喷过的地方，卷叶蛾的数量不多，也构不成任何危害。

苏丹东部地区的人们也在勤勤恳恳地喷药，但是效果却难以令人满意——那里喷洒 DDT 的棉花种植户收获了苦果。在盖斯三角洲的灌溉区约种有 6 万英亩的棉花。早期实验证明，DDT 杀虫效果明显，于是人们增加了喷药剂量。从那时起，麻烦也就开始了。棉铃虫对棉花的危害最大，但是喷药越多，棉铃虫就越多。在未喷药地区，棉桃和成熟的棉朵受到的损害却较少。喷药两次的地方，籽棉产量更是出现骤减的情况。虽然 DDT 也消灭了一些食叶昆虫，但由此得到的一些好处又被棉铃虫造成的损失抵消了。最后，棉农们不得不面对残酷的事实：如果不费心费力地喷药杀虫，棉花的收成可能会更好一些。

在比利时的刚果①和乌干达，人们为了对付一种咖啡树害虫而大量喷洒了 DDT，也造成近乎“灾难性的”后果。因为 DDT 对这种害虫几乎没有任何影响，它的天敌却深受其害。

在美国，由于喷药扰乱了昆虫世界的动态平衡，虫害愈演愈烈。近来的两次喷药计划就正好体现了这样的问题，一次是南方的火蚁清除计划，另一次是中西部的日本丽金龟歼灭战

---

① 1908年至1960年，刚果为比利时的殖民地。

（见第十章和第七章）。

　　路易斯安那州的农田在 1957 年大规模喷洒了七氯后，导致甘蔗最凶恶的敌人——蔗螟的泛滥。喷药后没多久，蔗螟造成的损害陡然剧增，因为针对火蚁的药剂杀死了蔗螟的天敌。由于甘蔗受到严重破坏，农民们试图起诉州政府的失职，认为他们没有事先提醒这样的后果。

　　伊利诺伊州的农民也经历了同样惨痛的教训。为了控制日本丽金龟，伊利诺伊州东部的农田里使用了大量狄氏剂，但农夫们却发现喷药区域的玉米螟数量暴增。此外，这一区域内的玉米螟幼虫也几乎是未喷药区的两倍。农民可能不了解其中的生物原理，但无需科学家提醒，他们已经明白自己做了一笔不划算的买卖——为了消灭一种害虫，他们却让另一种破坏力更强的害虫泛滥成灾。据美国农业部估算，日本丽金龟每年造成的损失大约为 1000 万美元，而玉米螟带来的损失却高达大约 8500 万美元。

　　值得注意的是，人们过去一直依靠自然方法来防控玉米螟。1917 年，这种昆虫被无意间带入美国，两年后，美国政府就开展了大规模搜寻和引进玉米螟寄生天敌的自然防控计划——斥巨资从欧洲和东方各国陆续引进了 24 种寄生性昆虫。其中 5 种寄生性昆虫防控效果显著。不过，由于喷药杀死了玉米螟的天敌，这些努力现在都已化为乌有。

如果你觉得以上这些例子荒谬不已，那么就请看看加利福尼亚州柑橘园的情况吧。在19世纪80年代，那里开展过世界上著名的生物防治实验。1872年，加利福尼亚州出现了一种以柑橘树汁为食的介壳虫。此后的25年间，介壳虫发展成为一种害虫，很多果园因此损失惨重。新兴的柑橘产业面临破产的威胁，很多农民都放弃了抵抗，他们把果树都拔掉了。后来，州政府从澳大利亚引进了一种介壳虫的寄生天敌——澳洲瓢虫。首批瓢虫引进不到两年，加利福尼亚州柑橘种植区的介壳虫就得到了完全的控制。从那时以后，人们就算在柑橘园找上几天，也找不到一只介壳虫。

到了20世纪40年代，柑橘种植户们开始使用新型化学品对付其他昆虫。随着DDT和其他毒性更强的化学品的出现，这种澳洲瓢虫从加利福尼亚州的很多地区都消失了。当年引进澳洲瓢虫，政府只花费了5000美元，每年却能够给果农挽回了几百万美元的损失。然而，一不留神，此前的所有收效就都付之东流了。介壳虫很快就卷土重来，造成了50年不遇的大灾难。

"这可能标志着一个时代的结束。"里弗赛德市柑橘实验中心的保罗·德巴赫博士如是说。控制介壳虫的工作现在变得极其复杂。只有通过反复投放澳洲瓢虫才能维持防控效果，而且还需要小心地进行喷药计划，这样才能尽可能减少它们与杀虫剂的接触。但是，不管果农们怎么小心行事，他们的命运或多或少地还是受到临近果园喷药的影响，因为空中飘散而来的杀虫剂已经造成了严重的损失……

以上这些例子都是关于农业害虫的。那些病媒昆虫又如何呢？其实我们已经得到了大自然的警告。例如，南太平洋的尼桑岛在第二次世界大战期间就曾进行高强度的喷药，战争结束后，喷药也停止了。很快，疟蚊重新入侵了这座岛屿。由于捕食疟蚊的昆虫已经被杀光了，来不及重新繁衍，因此疟蚊大肆蔓延。生物学家马歇尔·莱尔德曾将这种化学防控比作一台跑步机——一旦我们踏上去，就会因为害怕跌倒而不敢停下来。

在世界上的某些角落，喷药与疾病之间还存在另一重关联。出于某些原因，人们已多次发现蜗螺类软体动物并不受杀虫剂的影响。佛罗里达州东部盐沼地区在进行大规模的农药喷洒后，所有的动物都死亡殆尽，只有水生螺幸存了下来。当时的景象是一个可怖的画面——可能只有超现实主义的画家才能描绘出这一场景：成群的蜗牛在死鱼和垂死的螃蟹中间爬来爬去，蚕食着被毒雨杀死的生物。

但为什么说这种后果很严重呢？这是因为很多水生螺是危险的寄生性昆虫的宿主。这些寄生性昆虫的一部分生命周期在软体动物体内度过，一部分在人体中度过。血吸虫就是其中一例，它们可以通过饮用水或者洗澡水进入人体，引发严重的疾病，而血吸虫正是靠其宿主螺类进入水中的。这种疾病在亚洲和非洲部分地区尤为严重，在发病地区采取昆虫防治措施往往会导致螺类数量暴增，进而可能导致严重的后果。

当然，人类不是螺类传播疾病的唯一受害者。部分时间寄生在淡水螺身上的肝吸虫会导致牛、绵羊、山羊、梅花鹿、麋鹿、兔子以及其他温血动物患上肝病。感染肝吸虫的肝脏不再适于人类食用，因此受到严格管控，美国的牧民也因此每年至少损失 350 万美元。显然，任何增加螺类数量的措施都会使这一问题更加严重。

在过去的 10 年里，这类问题已经投下了巨大的阴影，但我们却迟迟不愿正视。那些最适合开展自然防控措施并推动其实施的科学家也都埋头于化学防控。据说，在 1960 年，全美国只有 2% 的昆虫学家从事生物防治领域的工作，其余的 98%大都在研究化学杀虫剂。

为什么会这样呢？许多大型的化学公司把大量资金投向大学，用于支持化学药剂的研究，这就产生了诱人的研究生奖学金和极具吸引力的工作岗位。而生物防治从来都没有获得过如此多的资助，原因很简单：生物防控无法给任何人带来像化学工业所能承诺的巨额利润，这些研究就只能由各州和联邦机构负责，而这些地方的薪资水平少得可怜。

这也解释了为什么一些著名的昆虫学家都对化学防治推崇

备至。调查完这些人的背景后你就会发现，他们的整个研究项目都是由化学企业资助的，他们的声誉乃至工作都依赖于化学防治方法的永久存续。难道我们还能指望他们反对金主吗？既然已经知道了他们的偏见，我们还能相信"杀虫剂无害"的这种论调吗？

在使用化学药品成为主要防治方法的欢呼声中，少数昆虫学家提出了一些异议，因为他们没有忘记自己是生物学家，而不是化学家或者工程师。

英国的生物学家雅各布说："从所谓的应用昆虫学家的角度看，小小的喷嘴就能解决一切问题……但是如果害虫死灰复燃或出现抗药性，甚至诱发哺乳动物中毒，化学家就会准备好另一种药剂。但情况并非如此简单……最终只有生物学家才能给出虫害防治问题的最佳解决办法。"

加拿大新斯科舍省的皮克特写道："应用昆虫学家必须明白，他们是在跟生物打交道。他们要做的不仅是简单的杀虫剂检测，或者寻找剧毒化学品。"皮克特博士作为理性昆虫防治领域的先驱，其研究方法充分利用了捕食性昆虫和寄生性昆虫的特性。他和同事们提出的方法已经成为当今生物防治的光辉典范，但追随者寥寥。纵观全美，只有在加州一些昆虫学家提出的综合防治计划中，我们才能找到一些能与之媲美的防治手段。

大约 35 年前，皮克特博士就在新斯科舍省安纳波利斯谷的苹果园里开始了他的研究，那里是加拿大最密集的一个水果产区。那时候，人们都认为杀虫剂（当时还是无机化学物）能够解决昆虫防治难题，因此，唯一的任务就是劝导果农按照推荐的操作方法喷药。但是，美好的愿景并没有实现。昆虫顽强地生存下来了。于是，人们开始采用新型化学药剂，发明了更好的喷药设备，喷药的热情也愈发高涨，但是虫害的难题仍然不见丝毫改观。随后，人们又说 DDT 是这场"虫害噩梦的终结者"，结果却引起了一场史无前例的红叶螨灾害。对此，皮克特博士无奈地说："我们只不过是从一场危机走向另一场危机，用一个难题代替另一个难题而已。"

基于这种观点，皮克特博士和他的同事踏上了一条崭新的道路，而不是跟其他的昆虫学家那样继续追寻毒性更强的化学药品。他们意识到自然界中存在着人类的强大盟友，于是他们制订了一项最大限度利用自然控制、最低限度使用杀虫剂的计划——在需要使用杀虫剂时，只用最小剂量，刚好控制住害虫的同时避免对益虫造成危害。此外，他们还会考虑施药的时机。比如，在苹果花变成粉红色之前使用硫酸烟碱，那时一种重要的捕食性昆虫就可以幸存下来，因为它们的卵当时仍处在孵化期。

皮克特博士对于化学品的选择也非常谨慎，以尽量减少对寄生性昆虫和捕食性昆虫的伤害。他说："如果我们像过去使用无机化学药剂那样来喷洒DDT、对硫磷、氯丹和其他新型杀虫剂的话，那些热衷于生物防控的昆虫学家也会被迫认输的。"他没有使用毒性较强、横扫一切的杀虫剂，而主要依靠鱼尼丁（取自一种热带植物的地下根茎）、硫酸烟碱和砷酸铅。在某些情况下，他也会使用浓度极低的DDT和马拉硫磷（每100加仑添加1~2盎司，而不是通常的每100加仑添加1~2磅）。虽然这两种化学药剂是现代杀虫剂中毒性最小的，但皮克特博士仍希望通过进一步研究，找到更安全、更有针对性的替代物。

那么，皮克特博士这项计划的效果如何呢？在新斯科舍省，采用皮克特博士改良计划的果农收获的优质水果产量比起那些使用高强度农药的果园毫不逊色，而且参与这项计划的果农付出的费用较低，新斯科舍省苹果园的农药成本仅是其他苹果种植区的10%~20%。

比这些喜人的成果更重要的是，新斯科舍省的昆虫学家发明的改良计划不会破坏自然平衡。这种情况印证了加拿大昆虫学家乌里耶特10年前说过的一句话："我们必须改变自己的观点，摒弃人类是优等物种的态度，并承认在多数情况下，我们可以从自然环境中找到限制生物数量的方法，这比我们亲自动手来得更经济、有效。"

第十六章　雪崩的轰隆声

　　如果达尔文活到今天，他一定会感到愉快和震惊，因为昆虫世界成功地印证了"物竞天择，适者生存"这一理论的正确性。在高强度化学药剂的重压之下，那些适应力较弱的昆虫已经消失，只有身体强壮、适应能力强的昆虫才能在人类的化学防治手段中生存下来。

　　大约在半个世纪之前，华盛顿州立大学的昆虫学教授梅兰德提出了一个在现在看来显而易见的问题："昆虫会产生抗药性吗？"如果梅兰德当时不知道答案，或知道得较晚，那只是因为他问得太早——当时是1914年，而不是40年后。在DDT时代来临之前，无机化学药剂的施用规模在现在看来是适度的，但就算这样，某些地方还是出现了能够适应药剂和药粉的多种害虫。梅兰德也遇到过梨圆蚧防治的难题，多年来，用石硫合剂防治这种昆虫的效果令人十分满意，但后来在华盛顿克拉克斯顿地区，这种小虫子开始变得难以管控——比韦纳奇果园、亚基马山谷以及其他地区的此类昆虫都更难消灭。

突然之间，全美各地的介壳虫好似醍醐灌顶了一般：果农们慷慨勤奋地喷洒药剂，介壳虫却一点都没有受到伤害。在中西部地区，成千上万英亩的优良果园就这样被抗药性昆虫彻底糟蹋了。

在加利福尼亚州，用帆布把树罩起来，再用氢氰酸熏蒸的这种历史悠久的防治方法也已经失效了。因此，加利福尼亚州柑橘试验中心开始对此展开研究，从 1915 年开始一直持续探索了 25 年。尽管在过去的 40 多年里，砷酸铅对苹果卷叶蛾的控制效果一直很好，但从 20 世纪 20 年代开始，苹果卷叶蛾逐渐进化出了抗药性。

然而，DDT 及其同类化学品不断出现之后，抗药性时代才真正来临。仅仅几年的时间，这个危险的问题就出现了，稍微了解一点昆虫知识或者动物种群动态的人都不会对此感到惊讶。但是，人们对于昆虫抗药性的认识却来得非常缓慢。现在看来，只有那些关注病媒昆虫的人才能够完全明白当时的紧急情况；大多数农学家仍然乐观地指望发明新的、毒性更强的化学品，而当前的困境正是由这种似是而非的错误理念造成的。

人们对昆虫抗药性的认识却出奇地缓慢。1945 年之前，大约只有 12 种昆虫对前 DDT 时代的杀虫剂有抗药性。随着新型有机化学品的出现和高强度喷洒手段的更新，抗药昆虫的品种迅速增加，到了 1960 年，已经高达 137 种，且没有人认为这个数字会到此为止了。目前，关于这一方面的研究已经发表了 1000 多篇的技术论文。世界卫生组织宣布，"抗药性是带菌昆虫防治面临的最重要问题"，并在世界各地邀请了大约 300 名科学家进行协助研究。英国一名著名的动物种群专家查尔斯·埃尔顿博士说："我们已经听到了大雪崩来临之前的轰隆声。"

有时候抗药性发展得太快，以至于鼓吹某种化学品成功控制一种昆虫的报道油墨还未干，就不得不发布修改版的报告。例如在南非，牧场主们深受蓝蜱虫的困扰。单在一个牧场一年内就有 600 头牛命丧蓝蜱之手。蓝蜱对砷剂产生了抗药性已有些年头了。后来人们又试用了六氯化苯，短时期内效果很好。1949 年年初，当地政府发布报告宣称，新的化学品可以轻易控制蓝蜱；但当年晚些时候，又有公告称蜱虫已经对新的化学品产生了抗药性。一位作家在 1950 年的《皮革贸易评论》杂志上就此评论道："如果人们真正了解这件事的重要性，这类在科学圈无声传播的秘闻、出现在海外新闻中的点滴报道，足以像原子弹新闻那样登上头版头条。"

虽然昆虫的抗药性是农业和林业主要关注的问题，但最严重的恐慌却来自公共卫生领域。昆虫与人类疾病之间的关系源远流长——疟蚊会向人体血液注射单细胞的疟疾病原体，其他蚊子还会传播黄热病或携带脑炎病毒。家蝇虽然不叮人，但也会使人类食物感染痢疾杆菌。在世界上很多地区，家蝇还可能会传播眼病。疾病及其病媒昆虫有一个长长的名单，主要包括：斑疹伤寒和体虱，鼠疫和鼠蚤，非洲睡眠病和采采蝇，各种发烧症和蜱虫等。

这些都是人类必须面对的严峻挑战，任何一个有责任心的人都不会对虫媒病听之任之。但目前最迫切需要处理的问题是：明知解决问题方法会使情况变得更加糟糕，仍然采用这些办法是否明智负责。人们听惯了通过控制病媒昆虫战胜疾病的大好消息，却很少了解到故事失败的另一面，胜利的短暂性有力地证明了一个令人惊惧的观点：正是我们的防控行为才使得昆虫变得更加猖獗。更糟糕的是，我们一直在斗争中自毁长城。

加拿大一位著名的昆虫学家布朗博士受雇于世界卫生组织，负责全面调查昆虫抗药性问题。在1958年出版的专题著作中，布朗博士说："在公共健康计划中使用强力合成杀虫剂不到10年，目前出现的技术难题主要是曾经得到成功控制的昆虫已经产生了抗药性。"这部专题著作出版时，世界卫生组织警告说："目前，针对节肢动物传播疾病（如疟疾、斑疹伤寒、鼠疫等）的积极行动正面临挫败的风险，除非人类能够迅速攻克这个问题。"

挫败的程度如何呢？当今，几乎所有具有医学意义的昆虫都产生了抗药性：很明显，除了蚋、沙蝇和采采蝇，全球范围内的家蝇和体虱都已产生了抗药性；抗疟计划也因蚊子抗药性而饱受威胁；鼠疫的主要传播者——东方鼠蚤最近也对DDT产生了抗药性，这是最严重的问题。各大洲的国家和绝大多数的岛国传出当地物种发展出抗药性的报道可谓不绝于耳。

意大利在1943年首次使用现代杀虫剂。当时，盟军政府把DDT药粉洒向人群，成功地治愈了斑疹伤寒。两年后，为了控制疟蚊，政府又使用DDT药剂进行了广泛的滞留性喷洒。仅仅过了一年，问题就出现了，家蝇和库蚊都表现出了抗药性。作为DDT的补充，人们在1948年试用了新的化学药品——氯丹。这次，良好的控制效果持续了两年。1950年8月，抗氯丹的苍蝇出现了，当年年底，所有的家蝇和库蚊都对氯丹产生了抗药性。随着新型化学物质不断更新、投入使用，昆虫的抗药性也急剧加速。1951年年底，DDT、甲氧氯、氯丹、七氯和六氯化苯等化学品功效尽失，而苍蝇却"多得出奇"。

20世纪40年代末，上述事件又在萨丁岛重复上演。丹麦于1944年首次使用DDT；到了1947年，很多地方的苍蝇控制计划都失败了。埃及某些地区的苍蝇早在1948年就产生了抗药性，后来虽然人们改用了六氯化苯，但效果也只持续了不到一年。埃及某村庄的情况就特别能够说明这个问题：1950年，杀虫剂防治苍蝇的效果良好，在这一年中，婴儿的死亡率降低了近50%。但第二年，苍蝇对DDT和氯丹就产生了抗药性，很快就恢复了之前的水平，婴儿死亡率也同样出现反弹。

到了1948年，美国田纳西河谷的苍蝇也已对DDT产生抗药性，其他地区也毫无例外。后来，人们尝试着使用了狄氏剂，但没取得什么效果，因为有些地区的苍蝇在两个月内就对这种化学品产生了很强的抗药性。将氯化烃类杀虫产品试用一遍之后，当地的防控部门又把目光转向了有机磷杀虫剂，结果相同的故事又再次上演了。目前，专家们普遍给出结论是："家蝇防控已经超出了杀虫剂的功能，我们必须重新依靠全面的卫生措施。"

意大利那不勒斯的体虱防控是DDT最早、最值得称道的战绩之一。随后1945年至1946年的冬天，这一成绩终于被刷新了，因为DDT在日本和韩国成功控制了200万人的体虱。不过，1948年西班牙斑疹伤寒防治的失败，预示着困境即将来临。尽管在实际行动中遭受挫折，但是令人振奋的实验结果让昆虫学家相信体虱并不会产生抗药性。但1950年至1951年冬天，韩国发生的事件着实令人震惊不已：一批韩国士兵在使用了DDT药粉后，体虱反而更多了。人们把虱子收集起来检测后发现，5% 的 DDT 粉末并不能提高虱子自然死亡率。从东京的流浪者身上、板桥区的贫民窟里以及叙利亚、约旦、埃及东部的难民营收集来的虱子经检测也证实了 DDT 已经对体虱和斑疹伤寒彻底失效了。到了 1957 年，对 DDT 产生抗药性的虱子已经蔓延到了伊朗、土耳其、埃塞俄比亚、西非、南非、秘鲁、智利、法国、南斯拉夫、阿富汗、乌干达、墨西哥、坦噶尼喀，意大利曾经的胜利已完全成了历史。

最早对 DDT 产生抗药性的疟蚊是希腊的萨氏按蚊。1946 年，当地开始了大规模喷药行动，效果斐然；到了 1949 年，有人发现，虽然喷过药的家舍和牛棚里的蚊子不见了，但是路桥下却聚集了大量的成蚊。很快，它们的栖息地蔓延到洞穴、外屋、阴沟以及橘子树的叶子和树干上。显然成蚊已经对 DDT 产生了足够的抗药性，以至于能够从喷药的建筑里逃出来，并在野外慢慢恢复、栖息。几个月后，家里喷过药的墙上又出现了蚊子。

然而，这只是巨大灾难的前兆而已。疟蚊对杀虫剂的抗药性急速上升，这正是对目标房屋反复喷药的后果。在 1956 年，只有 5 种疟蚊表现出抗药性；到了 1960 年年初，这一数字已经增加到了 28 种，而且其中包括西非、中东、美洲中部、印度尼西亚和东欧地区等地的多种极为危险的疟蚊。

传播其他疾病的蚊种也出现了类似的情况。有一种热带蚊子身上携带有一种寄生性昆虫，能引起象皮肿等疾病，如今世界很多地区的这种蚊子都产生了极强的抗药性。在美国一些地区，传播马脑炎的蚊子已经有了抗药性。而更为严重的问题则与传播黄热病的蚊子有关，几个世纪以来，黄热病一直是世界上最严重的一种瘟疫，然而这种具有抗药性的蚊子在东南亚地区已经出现，而且在加勒比地区已经非常普遍。

世界多地传来的报告已清楚地证明，病媒产生抗药性引起了疟疾和其他疾病的肆虐。1954 年，特立尼达岛上蚊子的抗药性使得控制计划失败，导致了黄热病的暴发；印度尼西亚和伊朗地区的疟疾也出现了恶化；在希腊、尼日利亚和利比里亚等地，蚊子仍携带着疟原虫；格鲁吉亚通过苍蝇防治计划暂时缓解了腹泻病，但不到一年，取得的成果就毁于一旦；在埃及，短期苍蝇防控计划暂时降低了急性结膜炎的发病率，但效果仅持续到 1950 年。

佛罗里达州的盐沼蚊也呈现出抗药性，虽然不会影响人类健康，却造成了不小的经济损失——盐沼蚊不传播疾病，但它们成群结队地叮咬人畜，致使佛罗里达州大片沿海地区变得不适于人类居住。后来当地进行了一番努力，却也只取得了短暂的防控效果，很快就又恢复了原状。

许多地区的家蚊也出现了抗药性，所以社区定期大肆喷药的计划应该暂停一下了。目前，意大利、以色列、日本、法国以及美国部分地区（加利福尼亚、俄亥俄、新泽西、马萨诸塞等州）的家蚊已经对几种杀虫剂产生了抗药性，其中就包括使用最广泛的 DDT。

蜱虫的抗药性是另一个问题。传播斑疹热的木蜱最近产生了抗药性，而褐色狗蜱更是已经形成了全面的抗药能力，这就给人类和狗出了一道难题。褐色狗蜱是一种亚热带昆虫，它们在新泽西州这么靠北的地区是无法在室外生存的，只能在温暖的室内过冬。1959 年夏天，美国自然历史博物馆的约翰·帕里斯特博士报告说："每栋公寓时不时地就会出现大量的蜱虫幼虫，而且很难清除。狗可能会在中央公园偶尔沾上蜱虫，然后蜱虫在狗居住的公寓里开始产卵、孵化。这些蜱虫好像对 DDT、氯丹以及大部分现代喷剂都免疫。过去，人们在纽约市很少见到蜱虫；现在，纽约市、长岛、韦斯切斯特市甚至康涅狄格州，到处都能见到它们的身影。在过去的五六年里，我们发现这种情况尤为明显。"

在北美大部分地区生存的德国小蠊也对氯丹产生了抗药性。这种药物过去是灭虫人员最爱的武器，现在他们转而使用有机磷杀虫剂；然而，德国小蠊又对这些药剂产生了抗药性，这下，灭虫专家真的走投无路了。

随着抗药性的发展，虫媒疾病防治机构正轮番使用各种杀虫剂。尽管科学家的聪明才智能够不断创造新的化学药剂，但这并不是长久之计。布朗博士指出，我们正行进在一条"单行道"上，这条路有多长，无人知晓。如果无法遏制病媒昆虫，那人类的处境就真的危险了。

农业害虫的防治情况也如出一辙。早期对无机化学药剂有抗药性的昆虫大约有 12 种，现在又有许多昆虫对 DDT、BHC、林丹、毒杀芬、狄氏剂、艾氏剂以及被寄予厚望的有机磷杀虫剂都产生了抗药性。1960 年，产生抗药性的农作物害虫已高达 65 种。

1951 年，世界上第一只对 DDT 产生抗药性的农业昆虫出现在美国，大约在其施用 DDT 的 6 年之后。苹果卷叶蛾的情况最为棘手，世界上几乎所有的苹果种植区的卷叶蛾都出现了不同程度的抗药性；其次是卷心菜害虫。此外，美国许多地区的马铃薯害虫也逃脱了化学药物的控制。现在，有 6 种棉花害虫、蓟马、果蛾、叶蝉、毛虫、螨虫、蚜虫、铁线虫以及其他昆虫，都可以做到对漫天飞舞的农药视而不见。

化学行业不愿面对昆虫抗药性的事实，倒也可以理解。1959 年，在面对超过 100 种昆虫产生明显抗药性的事实下，农业化工领域的某一权威期刊还在探讨昆虫的抗药性是"真的还是想象出来的"。然而，即使化工企业闭目塞听，但这个问题依然存在，而且还带来了惨痛的经济损失。其中一项损失就是化学防治昆虫成本的不断增加。事先储存大量化学品已经变得不再现实——今天还是效果最好的杀虫剂，明天就可能让人失望透顶。用于支持和推广杀虫剂的大量资金也可能会打了水漂儿，因为昆虫的抗药性再一次证明，暴力手段对于自然而言是无效的。不管杀虫剂的研发和应用方法的更新速度有多快，人们都会发现昆虫总是领先一步。

即使是达尔文本人，也不可能发现比抗药性机制更能证明自然选择作用的例子。在原始的种群里，每只昆虫的身体结构、行为、生理机制都不一样，只有"强大"的昆虫才能在化学攻击中存活下来。喷洒药剂只会杀死弱小的昆虫，幸存下来的物种必然具备一种与生俱来的特质，能够帮助它们抵御伤害。这些昆虫的后代通过遗传就轻易地获得了先辈们"强大"的特质。于是，使用强力化学品令本想解决的问题变得更加糟糕，这种恶果已经无法避免——只需经过几个世代，昆虫种群中就不再存在强弱差别，整个种群只剩下一支身体强壮的、抗药性十足的品种。

昆虫抵御化学品侵害的方式多种多样，但是人们还不太清楚其中的机制。有人认为一些昆虫具备构造优势来抵抗化学品的侵袭，但是缺少确凿的证据。不过，从大量调查研究来看，一些昆虫确实具有免疫力。布雷约博士在丹麦斯普林福害虫防治研究所对苍蝇进行观察后说："它们在充满DDT的环境中从容嬉戏，就像原始社会的巫师在红红的炭火上跳舞。"

世界上其他地方也有过类似的报告。在马来西亚吉隆坡，一开始蚊子会逃离喷了 DDT 的房间。随着抗药性的增强，这些蚊子又飞回来了，在它们停留的地方，借着手电筒的灯光甚至可以清楚地看到 DDT 的残渣。在中国台湾省南部的一个军营里，抗药臭虫居然带着 DDT 粉末爬来爬去，研究人员把这些臭虫包裹在浸染了 DDT 的布条里，它们依然可以存活一个月之久，其间照常产卵，幼虫竟然还茁壮成长起来。

不过，抗药特性也不一定完全依赖身体构造。对 DDT 有抗药性的苍蝇体内有一种酶，可以帮助苍蝇把 DDT 转变为毒性较弱的 DDE。只有存在抗 DDT 遗传基因的苍蝇体内才有这种酶，而且这种特性也会遗传下去。至于苍蝇和其他昆虫如何削弱有机磷类化合物的毒性，人们就不太清楚了。

昆虫的某些行为习性也能避免与化学品的接触。许多工人发现，抗药性苍蝇会更多地停留在未喷药的平面，而不会落在喷药的墙上；它们还习惯于停留在某个固定的地方，这样就更减少了接触药物残留的频率。一些疟蚊的习性也可以使其完全避开与 DDT 的接触——一旦喷药受到刺激，它们就会飞离室内到户外生存，这样就相当于拥有了免疫能力。

一般来说，昆虫产生抗药性需要经过两到三年的时间，有时候仅需要一个季节，甚至更短。在极端情况下，抗药性的形成也可能需要长达 6 年的时间。一个昆虫种群一年内繁殖的后代次数也很重要，而这个数字则取决于物种和气候等因素。例如，加拿大苍蝇产生抗药性的速度就比美国南部的苍蝇慢，因为美国南部漫长而炎热的夏季更利于苍蝇的繁殖。

有时候，人们会满怀希冀地问："既然昆虫能够产生抗药性，那么人类呢？"理论上，人类也可以产生抗药性，但是可能需要几百年甚至几千年，所以对于当下的人类而言并不存在什么实际意义。抗药性不会在某个个体身上凭空产生。如果一个人天生对毒素不敏感，那么他可能存活下来并繁衍后代。因此，抗药性需要一个群体经过几代甚至很多代才能够形成。人类繁衍的速度大约为每世纪三代，而昆虫繁殖的速度只有几天或几周。

"在某些情况下承受一点损失，要比失去战斗力而付出长远代价要合算得多"，布雷约博士在担任荷兰植物保护局局长时说道，"现在，最好的建议就是喷得'越少越好'，而不是'尽力多喷'……向害虫种群施加的压力越小越好。"

不幸的是，美国农业部并不认可这样的观点。在农业部1952年的年鉴里，专门讨论了昆虫问题，承认昆虫抗药性真实存在的同时却认为"为了实现有效控制，人们需要使用更多的杀虫剂"。不过，农业部并没有告诉人们，当只剩下了唯一一种可以把地球生命一扫而光的化学品还没试用的时候，将会出现什么样的恶果。1959年，也就是农业部提出这个建议仅仅 7 年后，《农业和食品化学》杂志在谈到这个恶果时，引用了康涅狄格州的一位昆虫学家的话：对至少一两种昆虫有效的最后一种可用的化学品已经投入使用了。

布雷约博士说：

很显然，我们踏上了一条危险的道路……我们需要花大力气研究其他的控制方法，且必须是生物防治，而不是化学控制。我们应该十分谨慎地引导自然进程朝着我们需要的方向发展，而不是使用暴力……

我们需要更高远的目标和更深刻的洞察力，但是多数研究人员却不具备这样的素质。生命是一个奇迹，超越了我们的理解，即使在我们不得不与之为敌的时候，也要心存敬畏……诉诸武力，比如杀虫剂，只能充分证明我们知识的匮乏和能力的不足，因为如果懂得如何引导自然进程，完全不必付诸武力。我们需要的是谦卑的态度，而不是对科学的盲目自负。

第十七章　另辟蹊径

　　我们正站在两条路的交叉口。但是与罗伯特·弗罗斯特著名诗歌有别，这两条路并不同样美好。我们长期以来一直行走在一条具有欺骗性的路上，看似平坦而舒适，但是灾难却在尽头对我们虎视眈眈。而另一条"人迹罕至"的岔路却为我们提供了保护地球的最后一个机会。

　　归根结底，走哪条路最终取决于我们自己。在承受了这么多灾难后，我们终于获得了"知情权"——既然发现自己被卷进了愚蠢可怖的风险中，我们就应该拒绝听从那些鼓励使用有毒化学品的建议，还要开阔眼界，另辟蹊径。

　　其实，各种各样的替代性措施早已出现。有些已经投入应用，并取得了明显的效果，有的则处于实验阶段，还有一些存在于想象力丰富的科学家的头脑中，并没有进入实验领域。这些方法都有一个共性：它们都属于生物防治法，以对控制目标和整个生态的透彻了解为基础。来自昆虫学、病理学、遗传学、生理学、生化学以及生态学等生物学各分支领域的专家纷纷参与进来，将自己的知识和灵感注入一门新创建的学科——生物防治学。

约翰·霍普金斯大学的一位生物学家卡尔·斯旺森教授说："每门学科都可以看作一条河流，其源头模糊不清，时而平缓，时而湍急，有时干涸，有时丰沛。研究人员的勤奋努力和众多思想支流的汇集使河流水势逐渐迅猛。新的概念和理论逐渐产生，河流因而愈加深沉、宽广。"

现代意义的生物防治科学也是如此。在美国，生物防治科学的起源十分模糊，大约在一个世纪以前，人们首次尝试引入天敌防治农业害虫。这门学科有时进展缓慢，甚至停滞不前，但在一些成功案例的刺激下，不时会出现加速发展的势头。然而，在20世纪40年代，应用昆虫学领域的研究人员被五花八门的杀虫剂弄得心迷意乱，最终他们抛弃了生物防治，踏上了"化学防治的跑步机"，生物防治科学从此进入了"枯水期"。"无昆虫世界"始终遥不可及。如今，人们终于彻底醒悟了，因为毫无顾忌地喷洒化学药剂对我们造成的伤害比昆虫更大。于是，生物防治之河又重新流动起来，新的思想也开始不断涌入。

有些新的方法非常诱人，试图让昆虫窝里斗——利用昆虫自身的力量来消灭同类。其中最令人叹为观止的是"雄蚊绝育"技术，由美国农业部昆虫研究所负责人爱德华·尼普林博士和他的同事共同研发。

　　大约在 25 年前，尼普林博士就提出了一个独特的防治方法，令同事们震惊不已。他认为，如果能对大量昆虫进行绝育处理并投放出去，在特定的条件下绝育雄昆虫与野生雄昆虫竞争并取胜，如此反复投放几次的话，昆虫只能产下无法孵化的卵，这个物种也就逐渐消失了。

　　虽然官方对这个想法无动于衷，一些科学家对此也深感怀疑，但是这个想法却牢牢占据了尼普林的大脑。在付诸实践之前，还有一个问题有待解决——必须找到一个可行的绝育方法。1916 年，一名叫朗纳的昆虫学家曾报告过 X 射线能使烟草甲虫绝育的现象，从那时起人们就已经知道，X 射线在理论上可以造成昆虫绝育。20 世纪 20 年代后期，赫尔曼·穆勒利用 X 射线引起基因突变的开创性研究开辟了一个全新的领域。到了 20 世纪中期，许多研究人员都给出报告，使用 X 射线或伽马射线对至少 12 种昆虫进行过绝育处理。

　　这些还只是实验，离实际应用还有很长的一段路程。大约在 1950 年，尼普林博士启动了一项正式的研究项目，试图利用绝育技术解决困扰美国南部牲畜的一种害虫——螺旋蝇。这种苍蝇会把卵产在温血动物的伤口上，孵化出的幼虫以宿主的血肉为食。一头成年肉用牛在 10 天内就会因严重感染而死亡，美国牲畜业因此每年损失高达 4000 万美元。野生动物的死亡数量更是多到无法估算。得克萨斯州一些地区的鹿群之所以稀少，就是螺旋蝇造成的。螺旋蝇是一种热带或者亚热带昆虫，生活在美洲中南部、墨西哥以及美国西南部。大约在 1933 年，螺旋蝇意外地进入了佛罗里达州，那里的气候帮助它们熬过冬季，并繁衍生息，后来甚至扩散到了亚拉巴马州南部和佐治亚州。很快，美国东南部的畜牧业损失就上升到了每年 2000 万美元。

在过去很长时间里，得克萨斯州农业部的科学家们收集了大量有关螺旋蝇的生物学知识。到了 1954 年，在佛罗里达州的岛屿上进行了初步的野外实验后，尼普林博士着手将自己的理论付诸全面实践。在荷兰政府的协助下，他前往距大陆足有 50 英里远的加勒比海沿岸的库拉索岛进行实验。

实验从 1954 年 8 月开始，在佛罗里达州农业实验室培养并绝育的螺旋蝇被空运至库拉索岛，并以每周 400 平方英里的覆盖速率进行投放。用于实验的山羊身上的蝇卵数量立刻减少，同时虫卵的受精率也在降低。投放仅仅 7 周之后，所有的螺旋蝇卵都丧失了孵化的能力。很快，一个卵块在岛上也找不到了，库拉索岛上的螺旋蝇被彻底消灭。

这项实验的巨大成功刺激了佛罗里达州的牧民，他们希望这种方法能消灭当地的螺旋蝇。不过这一次面临的困难相对较大——佛罗里达州面积是库拉索岛的 300 倍。1957 年，美国农业部和佛罗里达州政府联合资助了螺旋蝇的防治计划。该计划专门建造了一座"苍蝇工厂"，每周可生产 5000 万只螺旋蝇，随后用 20 架轻型飞机按预设的飞行模式每天持续投放五六个小时，每架飞机上携带 1000 个纸盒，每个纸盒里装有 200~400 只经过辐射绝育的螺旋蝇。

1957 年至 1958 年的寒冬，佛罗里达州北部气温接近零度，螺旋蝇种群数量锐减并被限制在狭小的区域内，为计划的实施提供了绝佳的机会。17 个月后计划完成，总共有 35 亿人工绝育的螺旋蝇被投放到佛罗里达全境以及佐治亚州和亚拉巴马州的部分地区。最后一只伤口感染螺旋蝇的动物发现于 1959 年 2 月。在之后的几个星期里，又有几只成年螺旋蝇被捕虫器捕获。此后，螺旋蝇便销声匿迹了。东南部地区螺旋蝇的灭绝得益于科学创意的非凡价值，详尽的基础研究、科研人员的毅力与决心也功不可没。

如今，密西西比州修建了一条隔离屏障来防止螺旋蝇再次入侵。螺旋蝇在西南地区的根除实属不易，因为那里地域广袤，蝇虫还可以狡猾地从墨西哥重新进入。然而，考虑到可能造成的巨大损失，农业部希望得克萨斯州以及西南其他受害地区能够尽快推行这项计划，至少将螺旋蝇种群控制在较低的水平。

防治螺旋蝇计划取得的辉煌成果，激起了人们用相同的办法对付其他昆虫的极大兴趣。当然，并不是所有的昆虫都适合采用这种技术，是否适合很大程度上取决于昆虫的生活习性、种群密度和对辐射的反应。英国正在进行诸多实验，希望能用这种方法对付罗德西亚的采采蝇。这种昆虫在非洲三分之一的土地上肆虐，不仅对人类健康构成了威胁，而且妨碍了450万平方英里草原上畜牧业的发展。采采蝇的习性与螺旋蝇截然不同，虽然辐射也可以使其绝育，但在应用之前还需要解决一部分技术难题。

英国已经测试了很多其他昆虫对辐射的敏感性。在夏威夷的实验室和偏远的罗塔岛，美国科学家对瓜蝇、东方果蝇和地中海果蝇分别进行了实验与野外测试，取得了令人欣慰的阶段性成果。玉米螟和甘蔗螟也接受了测试。目前看来，绝育技术似乎可以用来防治卫生昆虫①。一位智利科学家指出，虽然使用了杀虫剂，疟蚊在智利依然存在，只有投放绝育雄蚊才可能给疟蚊致命一击。

不过，由于辐射绝育困难重重，所以人们开始寻求其他效果类似的办法。现在，越来越多的人开始关注化学绝育剂。佛

---

① 又称医学昆虫，主要指那些传播疾病的病媒昆虫。

罗里达州的奥兰多农业实验室的科学家们在实验室里和野外展开绝育尝试，把化学药剂掺入家蝇喜爱的食物里。1961 年，在佛罗里达群岛中的一座小岛上，一个苍蝇群落在 5 周内就被彻底消灭了。之后，由于附近岛屿上苍蝇的蔓延，蝇群得到了恢复，但是作为一项试验，此举无疑是成功的，所以不难理解，农业部对此方法的前景兴奋不已。首先，正如我们所见，杀虫剂已经无法控制家蝇了，我们迫切需要一个全新的控制方法。辐射绝育的一个难点在于，它不仅需要人工培养，而且投放的绝育雄蝇数量要远远超过野生雄蝇的总数。螺旋蝇的数量不算多，因此这一点可以很容易实现；家蝇就不同了，投放会使其数量成倍增加，尽管只是暂时的，也必然会遭到人们的反对。其次，将绝育剂藏在诱饵里，然后放置于自然环境中，苍蝇吃了这种混合物就会绝育。经过一段时间，不育苍蝇就会成为蝇群的主宰，慢慢地，整个种群就会自行灭绝。

绝育剂试验效果的测试要比化学药剂的检测困难许多。评估一种化学绝育剂需要 30 天，当然，研究人员可以同时进行多种实验。从 1958 年 4 月到 1961 年 12 月，奥兰多实验室即对几百种化学药剂的绝育效果进行了筛选。虽然最后只挑选出几种有希望的药剂，农业部对此依然表示很满意。

现在，农业部的其他实验室也在研究这个问题，检测化学药剂在螯蝇、蚊子、棉铃象甲以及各种果蝇身上的绝育效果。

目前所有的项目还处于试验阶段，但是这项工作在短短几年之内进展得非常迅速。在理论上，化学绝育还有很多吸引人的特性。尼普林博士指出："有效的绝育化学剂很容易超越最好的杀虫剂。"试想一下，一个数量为 100 万的昆虫种群每过一代就增加 5 倍，倘若杀虫剂能够杀死每代昆虫的 90%，三代过后还剩下 12.5 万只。相比之下，化学绝育剂能使 90% 的昆虫不育，三代后只会剩下 125 只。

不过，从另一方面看，有些绝育剂属于强力化学物质。幸运的是，研究人员至少从一开始就十分注意选取安全的化学物质和使用方法。尽管如此，还是有人建议从空中喷洒绝育剂，比如在舞毒蛾幼虫啃食的叶子上喷药。如果没有彻底研究其相关危害前就进行这样的尝试，那是极不负责任的。如果不把绝育剂的潜在危害铭记在心，我们就很容易陷入比滥用杀虫剂问题更严重的灾难中。

现在进行测试的绝育剂分为两大类，它们的作用方式都很有趣。第一类与细胞的新陈代谢有关，它们与细胞或者组织所需要的物质非常像，以至于生物体会把它们"误认为"真正的代谢物，从而把它们纳入正常的生长过程。但这个嵌入体在细节上是不匹配的，进而导致细胞生长过程陷于停滞。这种化学物质叫作抗代谢剂。

第二类物质是作用于染色体的化学物质，它们可能对基因的化学成分产生影响，而导致染色体断裂。这类绝育剂属于烷化剂，是一种反应强烈的化学物质，它可以严重破坏细胞，损伤染色体，引发突变。伦敦切斯特·比蒂研究院的皮特·亚历山大博士认为："所有能使昆虫绝育的烷化剂都可能是强力诱变剂和致癌物质。"他觉得，任何将这些化学物质用于昆虫防治的尝试，都会遭到"最激烈的反对"。因此，我们希望目前的实验不是为了直接使用这类特别的化学物质，而是发现其他更安全的、更有针对性的化学物质。

近期所进行的研究中，有一些项目颇为有趣，即利用昆虫的某些习性制造对付它们的武器。昆虫会产生各种毒液、引诱剂、驱避剂。这些分泌物中含有怎样的化学性质呢？我们能把它们用作特定的杀虫剂吗？康奈尔大学以及其他地方的科学家正在研究昆虫的防御机制和其分泌物的化学结构，试图找到问题的答案。另外一些科学家正在研究所谓的"保幼激素"，这是一种强力化学物质，能够保证幼虫发育到合适阶段前不产生形态变化。

引诱剂的发明可能是对昆虫分泌物最直接、最有用的探索结果。这一次，又是大自然为我们指明了方向。舞毒蛾就是一个很有趣的例子。雌蛾身体过重，无法飞翔。它只能在地面上或者接近地面的地方生活，在低矮的植被间活动，或者在树干上爬行。相反，雄蛾飞行能力很强，它们会被雌蛾的特殊腺体释放的一种气味吸引，甚至会从很远的地方飞来。多年来，昆虫学家一直利用舞毒蛾的这种习性，不辞辛苦地从雌蛾体内提取这种性引诱剂，然后将它投放在舞毒蛾分布的边缘地带引诱雄蛾，以便调查种群的数量。但这一方法成本高昂。尽管东北部各州都遭受舞毒蛾的侵害，但是并没有足够多的雌舞毒蛾来提供引诱剂。因此，必须从欧洲进口人工收集的雌蛾蛹，有时候每只蛹的成本高达 0.5 美元。经过多年的努力，农业部的化学家近期成功地分离出了这种引诱剂，这是一个重大突破。随后，科学家又从蓖麻油中成功地提取出某种成分，制成一种与引诱剂非常相似的合成物质。这种物质与天然引诱剂效果一样，足以骗过雄蛾。只要在每个捕虫器中放入 1 微克，就能够产生有效的引诱效果。

所有这些研究的价值远超学术意义，因为这种全新的、经济的"引诱剂"不仅可以用于昆虫数量的统计，还可以用于昆虫防治。现在，人们正在试验引诱剂的几种更具吸引力的潜在用途。在一种叫作心理战的实验中，人们在一种颗粒材料中加入引诱剂，用飞机播撒到空气中。这样做的目的是迷惑雄蛾，使其改变正常行为，它们受有吸引力的气味干扰，无法在四处弥漫的气味中找到雌蛾。有的实验会引诱雄蛾与假雌蛾交配，使用的也是这种方法。在实验室中，只需用引诱剂恰当地浸染一些小东西，就能引诱雄蛾与小木片、蛭石以及其他无生命的小物品交配。这种误导舞毒蛾交配的方法是否能减少昆虫的数量还不得而知，但这种可能性非常有趣。

舞毒蛾引诱剂是首例人工合成的昆虫性引诱剂，可能很快就会有其他引诱剂出现。科学家们正在研究适用于各种农业害虫的人工引诱剂。其中，黑森瘿蝇和烟草天蛾的实验取得的成果令人振奋。

人们正在尝试将引诱剂和毒剂结合在一起来对付一些昆虫。政府机构的科学家研制出了一种叫作"甲基丁香酚"的引诱剂，东方果蝇和瓜蝇会对这种药剂毫无抵抗力。在日本南部450英里的博宁群岛，曾把这种引诱剂与毒药混合进行实验——人们将浸满两种物质的小块纤维板片空投到整个群岛，诱杀雄性果蝇。这项"捕杀雄蝇"的计划开始于1960年，一年后，据农业部估算，99%以上的果蝇都被消灭了。这种做法明显优于使用传统的杀虫剂，其中使用的有机磷毒素只存在于纤维板上，并不会被野生动物吃掉。此外，残留物消散迅速，也不会对土壤和水源造成污染。

但是，昆虫间的交流并不只通过相互吸引或者排斥的气味实现，声音也可以成为警告或吸引的信号。有些蛾类能够听到蝙蝠飞行时发出的超声波（像雷达系统一样在夜间为蝙蝠导航），从而避免被捕食；一些锯蜂幼虫听到寄生蝇拍动翅膀的声音后，会聚成一团自我保护；有些钻蛀昆虫振翅的声音也会使寄生性昆虫找到它们；对于雄蚊而言，雌蚊拍翅就是一种极具引诱力的歌声。

我们能利用昆虫对声音的分辨和响应能力做些什么呢？虽然处于试验阶段，但非常有趣的是，经过反复播放雌蚊拍翅的声音确实成功地吸引了雄蚊，被诱骗的雄蚊飞到一张电网上就丧了命。加拿大正在试验超声波的趋避效应，以对付玉米螟和糖蛾。夏威夷大学两位研究动物声音的权威学者休伯特·弗林斯教授和马博·弗林斯教授相信，只要找到正确的方法，就可以利用现有的昆虫接发声音的知识来影响野外昆虫的行为。声音的趋避作用可能比引诱作用的实用前景更光明。椋鸟听到同伴痛苦的尖叫声后会四散逃离，就是这个发现使这两位教授闻名遐迩，或许这个发现也适用于昆虫。对于工业领域的实干家而言，这样的可能性已足够明朗了，至少已经有一家大型电子公司在准备设立实验室展开测试。

人们也在研究如何利用声波来直接杀死昆虫。超声波可以杀死实验槽里所有的蚊子幼虫，但同时也能杀死其他水生动物。在其他实验中，空气中的超声波几秒内就可以杀死绿头苍蝇、粉虱以及黄热病蚊。所有这些实验只是迈向全新昆虫防治理念的第一步，将来神奇的电子科技可能会把这一切都变成现实。

新生的生物防治方法并不限于电子科技、伽马射线和人类的其他发明。有些方法由来已久，它们的基本原理是：跟人类一样，昆虫也会得病。就像古代的瘟疫一样，细菌感染也能摧毁整个昆虫种群；在病毒的攻击下，大批昆虫会患病并死去。早在亚里士多德时代之前，人们就发现昆虫也会患病；中世纪诗歌中就记载了桑蚕患病的事例；而正是通过对桑蚕病的研究，巴斯德才第一次发现了传染病的某些基本原理。

困扰昆虫的不仅包括病毒和细菌，还有真菌、原生动物、微型蠕虫以及其他微小生物。这些微生物基本算是人类的盟友，因为其中不只有病原体，还包括那些处理废物、肥沃土壤，参与发酵和硝化等生物代谢过程的小生物。那么，为什么不让它们帮我们控制害虫呢？

19 世纪的动物学家艾利·梅契尼科夫是第一个想到利用微生物进行防治的人。在 19 世纪末至 20 世纪上半叶，微生物防治的理念逐渐成形。20 世纪 30 年代末，利用芽孢杆菌引发的乳状病成功遏制了日本丽金龟，第一次证明了将疾病引入昆虫的生活环境可实现防治。我们在第七章已经提过，这一经典案例在美国东部有着悠久的历史。

现在，人们对苏云金杆菌的实验寄予厚望。1911 年，德国图林根省最早发现这种细菌会导致粉蛾幼虫患上致命的败血病。实际上，这种细菌杀死昆虫的方式不是引发昆虫患病，而是使其中毒。在这种细菌的芽杆内，伴随芽孢会形成一种特殊的蛋白质晶体，而这种蛋白质对一些昆虫有致命的毒性，尤其是鳞翅目昆虫。幼虫吃了带有这种毒素的叶子后，会出现麻痹、无法进食的症状，很快就会死去。从实用角度考虑，该病原菌一投入使用就会立刻使昆虫停止进食，对庄稼的破坏就会立刻终止，这无疑是一大优势。现在，美国的几个公司正在生产不同品牌的苏云金杆菌孢子化合物。不少国家正在进行实地测试：法国和德国在测试菜粉蝶的幼虫，南斯拉夫在测试美国白蛾，苏联在用它检验天幕毛虫。在巴拿马，该试验始于1961年，这种细菌杀虫剂可能会解决当地香蕉种植户所面临的严重问题。那里的根蛀虫对香蕉树造成严重伤害，它们破坏树根，使香蕉树很容易被风吹倒。狄氏剂曾是对付根蛀虫唯一有效的化学药剂，但是现在它却导致了一系列灾难的发生。根蛀虫也开始产生了抗药性。狄氏剂还毒死了一些重要的捕食性昆虫，从而引起了一种体形短胖的昆虫——卷叶蛾的不断增加，其幼虫会在香蕉表面留下疤痕。人们有理由相信，新型微生物杀虫剂会在维系自然平衡的前提下消灭卷叶蛾和根蛀虫。

在加拿大和美国东部林区，细菌杀虫剂可能是对付蚜虫和舞毒蛾等森林害虫的重要武器。1960年，两国都使用了苏云金杆菌的商业制剂进行了实地试验，初期就取得了令人满意的结果。例如，在佛蒙特州，细菌防治的效果丝毫不逊色于DDT。目前，主要的技术难题是找到一种做载体的溶液，用它把细菌孢子黏附在常绿树木的针叶上。农作物不存在这一问题，甚至可以使用药粉做载体。人们已经在各种蔬菜上对细菌杀虫剂进行了试验，特别是加利福尼亚州。

与此同时，另外一个不那么引人瞩目的工作是关于病毒的研究。在加利福尼亚州不少地方，为了杀死极具破坏性的苜蓿毛虫，人们向苜蓿苗田喷洒了一种与杀虫剂毒性不相上下的物质。这是一种溶液，内含苜蓿毛虫尸体的病毒，而苜蓿毛虫正是感染了这种致命的疾病才死亡的。只需要提取 5 只苜蓿毛虫尸体中的病毒便足以喷洒一英亩的苜蓿田。在加拿大一些林区，一种针对松树锯蝇的病毒治虫效果显著，已经完全取代了杀虫剂。

捷克斯洛伐克的科学家正在试验用原生生物对付结网毛虫及其他害虫。在美国，人们发现了一种原生生物寄生虫可以降低玉米螟的产卵能力。

一提到微生物杀虫剂，有人会想到滥杀无辜的细菌战，但事实并非如此。与化学品不同，昆虫病原体只针对昆虫才发挥作用。昆虫病理学的权威人士爱德华·斯坦豪斯博士强调："无论是在实验中，还是在自然界，都没有发生昆虫病原体导致脊椎动物患病的确凿案例。"昆虫病原体针对性很强，只会影响几种昆虫——有时候甚至只对一种昆虫有效。从生物学上讲，它们不会引起高级动物或植物患病。斯坦豪斯博士还指出，自然界中昆虫的疾病只影响某些特定种类的昆虫，而不会危及宿主植物或捕食这种昆虫的动物。

昆虫有很多天敌，有各种微生物，还有其他昆虫。达尔文大约在1800年首次提出了可以增加昆虫的天敌来抑制某种昆虫的建议。这可能是最早的生物防治措施，因此被误认为是替代化学品的唯一方法。

在美国，传统的生物防治始于1888年，其标志是在这一年，昆虫探险家的先驱艾伯特·科贝利前往澳大利亚寻找吹绵蚧的天敌，因为这些小虫子给加州柑橘产业带来了严重的威胁。我们在第十五章已经提到了，这项计划取得了巨大成功，在此后的一个世纪里，美国人开始在世界上到处寻找昆虫天敌来控制一些不速之客，最后约有100种引进的捕食性昆虫和寄生性昆虫存活了下来。除了科贝利引进的澳大利亚瓢虫，其他昆虫的引进也取得了良好的效果：一种从日本引进的黄蜂完全防治了侵袭美国东部果园的害虫；意外从中东引进的斑点苜蓿蚜虫的天敌拯救了加州的苜蓿产业。就像细腰黄蜂对日本丽金龟的防治一样，以寄生性昆虫和捕食性昆虫防治舞毒蛾的效果也很好。据估算，对介壳虫和粉蚧的生物防治每年可以为加州节省数百万美元。事实上，据加州一名著名的昆虫学家保罗·德巴赫估计，加州在生物防治项目上投入的400万美元，已获得1亿美元的回报。

世界上大约有 40 个国家成功地运用这种方法控制了害虫。与化学防治相比，生物防治优势明显：它成本低廉、一劳永逸、无任何残留。然而尽管如此优秀，生物防治却长期得不到政府的支持。在美国，加州是唯一一个有正式生物防治计划的地区，而很多州居然连一个热衷于此项计划的昆虫学家都没有。也许利用昆虫天敌实现生物防治还欠缺科学上的严密性——它们对被捕食性昆虫种群的影响如今仍缺乏研究，投放数量也不精确，而投放数量是防治计划成败的决定性因素。

捕食性昆虫和被捕食的昆虫并不是简单的对立关系，它们共处于同一个生态系统中，因而要考虑系统中的所有要素。传统的生物防治方法可能最适用于林区，高度人工化的现代农业环境与大自然的状态迥然不同。但森林不一样，它更接近于自然环境，只要人类蜻蜓点水式地帮点小忙，大自然就可以自由发挥，创造出神奇而复杂的制衡体系，保护森林免受昆虫的过度侵害。

在美国，我们的林业人员好像只想到了引进寄生性昆虫和捕食性昆虫的生物防治方法。而加拿大人的思路更为开阔，欧洲人则最先进，他们把"森林卫生学"发展到了相当成熟的地步。在欧洲林务员眼里，鸟类、蚂蚁、树上的蜘蛛以及土壤中的细菌跟树木一样，都是森林的一部分，他们在对一片新的森林进行防治的时候，会考虑到这些保护性因素——第一步就是帮助鸟类生存。在森林集约化经营的今天，往日的空心树已经荡然无存，因此啄木鸟和其他以树为家的鸟类就失去了家园。对于这个问题，他们选择用鸟箱来解决，这样就把鸟儿带回了森林。也有专门为猫头鹰和蝙蝠设计的箱子。这样，它们就可以接昼行性鸟儿的班儿，在晚上继续捕食昆虫。

但这还只是开始。欧洲林区一些别致的防治计划还利用了森林红蚁作为捕食性昆虫——不过很可惜，在北美并没有这种蚂蚁。大约在 25 年前，维尔茨堡大学的教授卡尔·格斯瓦尔德发现了培育蚁群的方法。在他的指导下，联邦德国中约 90 个实验区培育起了 1 万多个红蚁群。意大利以及其他国家也采用了格斯瓦尔德教授的方法，他们纷纷建立起蚂蚁农场，供给森林投放使用。比如，在亚平宁山脉，人们已经培育了数百个蚁群，以保护新造的林区。

德国莫尔恩市的林务官员海因茨·鲁佩特肖芬博士说："如果有鸟类和蚂蚁保护森林，再加上蝙蝠和猫头鹰，就说明森林内生态平衡已经得到了改善。"他还认为，为森林引进单一捕食性昆虫或者寄生性昆虫远不如各种"天然伙伴"更有效。

莫尔恩市林区新建的蚁群被用铁丝网保护起来了，以防止啄木鸟啄食它们。在采取这种保护方式的实验区，啄木鸟的数量在过去 10 年里增加了 4 倍，不仅没有造成蚁群数量锐减，反而还能促使啄木鸟专心对付森林里的毛虫，真是一举两得。大部分照料蚁群（还有鸟箱）的工作由当地学校 10 ～ 14 岁的孩子承担。如此看来，这种防治手段的成本非常低，而对森林的保护却是永恒的。

鲁佩特肖芬博士工作另一个有趣的特点就是对蜘蛛的利用，在这方面他可能是先驱式的人物。关于蜘蛛的分类和历史虽然有大量的文献，但都零零散散、残缺不全，且根本没有人思考它们在生物防治方面的价值。在已知的 2.2 万种蜘蛛中，有 760 种生活在德国（美国约有 2000 种），其中在当地的森林里有 29 种。

对于林务人员而言，蜘蛛最重要的特征就是它所织的网。圆网蛛因其织网最细密，可以捕捉到任何一种飞行昆虫，所以最为重要。十字金蛛的一张大网上（直径为 16 英寸），大约有 12 万个黏性结节。一只蜘蛛在其 18 个月的生命中能消灭 2000 只昆虫。在一个生态健康的森林里，每平方米（略大于一平方英尺）内有 50~150 只蜘蛛。如果少于这个数目，可以通过收集和投放蜘蛛卵囊来弥补。鲁佩特肖芬博士说："3 只横纹金蛛（美国也有）的卵囊可以孵化 1000 只蜘蛛，共可捕食 20 万只昆虫。"在春天出现的小圆网蛛尤为重要，他提出："因为它们在树枝顶端织网，这样就避免了新生嫩芽受到侵害。"随着蜘蛛不断蜕皮长大，织出的网也逐渐变大了。

加拿大的科学家也采取了相似的调查思路，虽然北美地区的森林多是天然林而非人工林，用来维持森林健康的物种也就与德国不一样。加拿大人选择将重点放在小型哺乳动物身上，它们在昆虫防治方面作用十分突出，尤其是对那些生活在林地松软土层里的昆虫，有着极佳的防治效果。其中有种昆虫叫锯蜂，之所以得名是因为雌蜂长着一个锯齿状的产卵器，可以把常青树木的针叶割开，然后把卵注入针叶内。孵化的幼虫最终会掉落在地上，在落叶松、云杉和松树下的腐叶层中变成茧。但在地面之下就是小型动物的各种隧道，它们形成了蜂窝状的世界，这些动物包括白足鼠、田鼠以及各种鼩鼱。贪吃的鼩鼱总能找到并吃掉最多的锯蜂茧——它们会把一只前足搭在茧上，从底部开始咀嚼，展现出超常的识别空茧和实茧本领。鼩鼱胃口极大，一只田鼠一天可以吃掉 200 个茧，而一只鼩鼱可以吞食 800 个！根据实验研究显示，这可能会使 75% ~ 98% 的锯蜂茧被吃掉。

　　纽芬兰岛上没有鼩鼱，因而饱受锯蜂的困扰，也就难怪当地人会对这些能干的小动物翘首以盼。1958 年，该地尝试引进了最有效的锯蜂捕食者——假面鼩鼱。1962 年，加拿大官方宣布，这一尝试获得了成功。假面鼩鼱在岛上繁殖并扩散开来，有些做过标记的假面鼩鼱甚至出现在离投放点 10 英里以外的地方。

对于想维持和加强森林自然生态平衡的林业人员来说，现在已有众多可供选择的武器。以化学手段防治森林虫害顶多也就是权宜之计，没有任何实际效果，却杀死了河中的鱼儿，毁灭了益虫，破坏了自然生态和即将进行的生物控制计划。鲁佩特肖芬博士说，这些粗暴的手段"导致森林中相互依存的关系被打破，寄生性昆虫灾害也发生得日益频繁……所以，我们必须在最重要也可能是最后的自然之地上停止这些非自然的干预手段"。

为了解决我们与其他生物共享地球的问题，我们提出的各种富有想象力和创造力的方法中存在一个永恒的主题——我们在和生命打交道，面对的是鲜活的生物种群，它们的作用与反作用，它们的繁盛与衰亡。只有充分考虑各种生命的力量，并谨慎地引导它们向有利于人类的方向发展，才有希望实现人类与昆虫的和谐共存。

但如今毒剂大行其道，这种化学杀虫手段完全没有考虑这些最基本的问题。我们向生命体喷洒化学农药，就像洞穴人挥舞棍棒一样粗鲁。从一方面看，生命极其脆弱，很容易被破坏；另一方面，它又有神奇的韧性和恢复能力，能以人类意想不到的方式奋力反击。化学防治的实践者毫无"高远的眼光"可言，面对自然的强大力量时也没有一丝谦卑，他们完全无视生命的力量。

"控制自然"这个词产生自远古时代的生物学和哲学观念，它是人类孤傲自负的宣言，当时人们认为自然只是为服务人类而存在。应用昆虫学的观念和实践大都可以追溯到科学的石器时代。如此原始的科学却用最先进、最可怕的武器将自己武装起来，在对付昆虫的同时也在毁灭整个地球，这么大的不幸的确值得人类警醒。